雷峰新塔

彰显文化遗产魅力的里程碑

清华大学建筑设计院

郭黛姮 编著

图书在版编目(CIP)数据

雷峰新塔：彰显文化遗产魅力的里程碑/郭黛姮编著.—上海：上海远东
出版社,2016
ISBN 978 - 7 - 5476 - 1042 - 8

Ⅰ.①雷…　Ⅱ.①郭…　Ⅲ.①佛塔—修缮加固—杭州市
Ⅳ.①TU252

中国版本图书馆 CIP 数据核字(2015)第 252624 号

雷峰新塔：彰显文化遗产魅力的里程碑
郭黛姮　编著
责任编辑/贺　寅　装帧设计/熙元创享文化

出版：上海世纪出版股份有限公司远东出版社
地址：中国上海市钦州南路 81 号
邮编：200235
网址：www.ydbook.com
发行：新华书店　上海远东出版社
　　　上海世纪出版股份有限公司发行中心
制版：熙元创享文化
印刷：北京华联印刷有限公司
装订：北京华联印刷有限公司

开本：890×1240　1/16　印张：19　字数：280 千字
2016 年 11 月第 1 版　2016 年 11 月第 1 次印刷

ISBN 978 - 7 - 5476 - 1042 - 8/TU・101
定价：86.00 元

contents

目录 上篇

■ 第一章 雷峰新塔重建之前 ⌜1⌟

■ 第二章 雷峰新塔项目解析 ⌜15⌟

第一节 雷峰新塔的设计理念 16

第二节 雷峰古塔史料辨析 39

■ 第三章 雷峰新塔建筑设计 ⌜57⌟

第一节 新塔设计总则 58

第二节 楼阁式塔形象的确定 79

第三节 新塔垂直交通设计 148

第四节 雷峰塔立面照明设计 154

■ 第四章 雷峰新塔结构设计 ⌜189⌟

第一节 项目的特殊性 191

第二节 采取对策 193

第三节 结构方案选择 194

第四节 结构计算 196

第五节 地基基础 199

第六节 构架节点构造 203

■ 第五章 雷峰新塔设备设计 ⌜211⌟

第一节 电源及供电系统设计 212

第二节 消防系统设计 214

第三节 空调系统设计 215

■ 第六章 雷峰古塔考古发掘 ⌜217⌟

第一节 雷峰塔遗址地下遥感考古 218

第二节 雷峰古塔遗迹的考古发掘 219

第三节 雷峰塔考古发掘的收获 225

■ 第七章 雷峰新塔桩基施工　　　「241」

■ 第八章 雷峰新塔主体结构施工　　　「247」

　　第一节 钢结构构件制作　　　248

　　第二节 主体钢结构的安装　　　254

■ 第九章 雷峰新塔屋面施工　　　「265」

　　第一节 雷峰新塔屋面的特点　　　266

　　第二节 铜瓦安装　　　267

　　第三节 铜质柱梁枋栱施工　　　270

■ 第十章 雷峰新塔塔刹的纯黄金装饰　　　「275」

　　第一节 钢结构塔刹对纯黄金装饰的要求　　　276

　　第二节 纯黄金装饰钢构塔刹的技术创新　　　279

　　第三节 纯黄金金饰塔刹的工程施工　　　282

　　第四节 金饰塔刹的维护和保养　　　288

■ 第十一章 加强宣传文物建筑保护　　　「293」

　　第一节 施工中以文物保护为本　　　295

　　第二节 向社会宣传文物保护　　　296

　　第三节 立足保护，合理利用，彰显文化遗产魅力　　　298

■ 第十二章 雷峰新塔的价值与反响

　　第一节 对文化遗产保护新理念的认同　　　「301」

　　第二节 不同的声音　　　302

■ 结语　　　311

■ 后记　　　「314」

■ 主要参考书目　　　「316」

「318」

上篇

第一章　雷峰新塔重建之前

[图 1-1-1] 雷峰塔老照片

一、情感价值的物化载体——雷峰塔

1972 年联合国教科文组织大会通过的《关于在国家一级保护文化和自然遗产的建议》曾经指出："在一个生活环境加速变化的社会里，人类平衡发展的关键就是保存一个适合于人类居住的生活环境，以便使人类在这个环境中能够与自然及祖先所传承下来的文明保持联系。为此，人们应该让文化及自然遗产在现实生活中发挥重要作用，并把当代成就昔日价值和自然之美纳入一个有机的整体。"杭州西湖之滨的雷峰塔遗址正是一个"祖先所传承下来的文明"的重要代表，它不仅有被列为文物保护单位的"雷峰塔遗址"本体，还包括了它在杭州历史发展中的重要地位、它在西湖景观中的角色，以及人们对它深深的怀念之情。这些正是上述建议中所"祖先所传承下来的文明"包括的内容。

雷峰新塔冲破重重阻力重建了，然而这个雷峰新塔并不是所谓的原塔"复建"，而是新建，所谓"复建"是指按照原材料、原结构、原形式、原工艺来建造，而现在人们所看到的塔，其具有的属性，是一座"西湖十景"之"雷峰夕照"一景中的塔。成为使今天能够与"祖先所传承下来的文明"保持联系的代表，它不仅具有向人们诉说古塔的历史变迁以及造成"变迁"的种种原因，而且是满足人们情感需求的景观建筑，填补了西湖总体缺失的景观。

雷峰塔在公众的视野中曾经有过辉煌的形象，曾经饱含着人们对它的深情厚谊，自从雷峰塔建成之时起，就不知有多少人曾为它留写下赞颂的诗词，当它出现了残毁、衰老、以致倒塌，都在刺痛着人们的心，不同朝代、不同阶层的人，写下一首首诗篇，表达着内心的波澜，让我们一起来回顾这千百年来的史诗吧（图1-1-1）！

北宋时期（960～1127）林和靖有《中峰》诗：

"中峰一径分，盘折上幽云，夕照前村见，秋涛隔岭闻，长松含古翠，疏竹动微熏，自爱苏门啸，怀贤事不群。"[1]

这首诗所描述情景是中峰顶上有了雷峰塔，当人们盘折登上这座高塔之时，不但可以体验与幽云相接的感受，还可以看到在塔下的村子在"夕照"之时的美景，听到秋日里西湖的涛声。

然而在北宋宣和二年（1120）的方腊起义，攻打杭州，纵火六日[2]，雷峰塔被焚毁。

这牵动着人们对雷峰塔的爱戴之情，半个世纪陆游到杭州，与儿泛舟西湖曾写下这样的诗句：

"古寺题名那复在，后生识面自应稀。伤心六十余年事，双塔依然在翠微。"[3]
双塔，即雷峰、保俶二塔，虽然在西湖上可以看到，但其被毁后的形象使人想起了60年前的伤心事，即指在方腊起义中受到的破坏。

南宋时期（1127～1279）"画家称湖山四时景色最奇者有十"[4]，于是出现了"西湖十景"的称谓。这时应在雷峰塔被重修之后，已经面貌一新。南宋官员王洧的诗作为最早咏西湖十景的，其中《雷峰夕照》一诗描写了当时所感受到的景色；

"塔影初收日色昏，隔墙人语近甘园，南山游遍分归路，半入钱唐半暗门。"[5]

南宋张矩还写有以《雷峰落照》题名的词；

"磬圆树杪，舟乱柳津，斜阳又满东角。可是暮情堪剪，平分付烟郭。西风影，吹易落。认满眼，脆红先烁。算惟有，塔起金轮，千载如昨。"[6]

元代（1271～1368）有尹廷高《雷峰落照》诗：

"烟光山色淡溟濛，千尺浮屠兀以空。湖上画船归欲尽，孤峰尤带夕阳红。"[7]

[1] [宋]林逋撰《林和靖集》卷一，《中峰》。《四库全书》，诗中的"疏竹"二字有的版本写作"衰药"。
[2] [明]田汝成撰《西湖游览志余》卷六《板荡凄凉》载：宣和二年，方腊兵自富阳至杭州，郡守赵霆弃城走，州陷。杀制置使陈建、廉访使赵约，纵火六日，死者不可胜计。《四库全书》。
[3] [宋]陆游撰《剑南诗稿》卷五十三，《与儿辈泛舟游西湖一日间晴阴屡易》。《四库全书》。
[4] [南宋]吴自牧《梦粱录》卷十二。《四库全书》。
[5] [明]田汝成《西湖游览志》余卷十载[宋]王洧《雷峰夕照》。《四库全书》。
[6] [南宋]张矩《西湖十景》，原载[明]陈耀文辑《花草粹编》卷十九。《四库全书》。其中"塔起金轮"一句应指塔刹的相轮，四库全书电子版写作"塔起半轮"，令人费解，现依照杭州园林文物局施奠东主编《西湖志》，上海古籍出版社，1995年版写作"金轮"。

写出了雷峰塔在西湖上的壮观景象，成为多少年来最为脍炙人口的诗篇。

元钱惟善与友人登雷峰塔的诗，不同于从湖上欣赏雷峰塔：

"钱塘门外黄妃塔，犹有前朝进士题。一字排空晴见雁，千灯照水夜燃犀。周遭地带江湖胜，孤绝山同树木低。二客共驰千里目，故乡各在浙东西"[8]。在诗中作者登上高塔"共驰千里目"，感受非凡。

元代的一首《采茶歌》写道：

"云出岫照南屏，日衔山遇西林，现出那雷峰晚照似蓬瀛。九井三潭五云生，六桥烟雨盛丹青。"[9]这首歌的内容不仅写雷峰塔，还概括西湖及周围景观，九溪、龙井、三潭、六桥烟雨等等，但着重歌颂了"雷峰晚照"的景色，它奇特得好似仙境蓬、瀛。古人一直认为东海有蓬、瀛，《史记》称"海中有三神山，名曰蓬莱、方丈、瀛洲，黄金白银为宫阙"。《汉书·郊祀志》中也有关于海上三山的记载，称"此三神山者其传在渤海中，去人不远，盖曾有至者，诸仙人及不死之药皆在焉"。于是成为人们向往的境界。这里的描写认为西湖风景之美，达到了世人所追求的最令人向往的仙境。

明（1368～1644）马浩澜《雷峰夕照》词描绘了登上雷峰塔，千峰紫翠尽收眼底的感受：

"高塔耸层层，斜日明时景倍增。常是游湖船拢千，寻登，看遍千峰紫翠凝。"[10]明福报《和西湖竹枝词》更是借题发挥：

"黄妃塔前西日沈，采菱日日过湖阴。郎心只是菱刺短，妾意却如湖水深。"[11]

明谢晋《雷峰夕照》诗：

"连山一抹映霞红，妆点西湖晚景浓。长送钓船归远浦，还催僧寺起疏钟。浮图插汉光相射，高树悬崖影渐春。欲借鲁戈挥暂驻，照师飞锡过前峰。"[12]

---

[7] [元]尹廷高撰《玉井樵唱》卷上。《四库全书》。

[8] [元]钱惟善撰《江月松风集》卷七十，《一月初三日与袁鹏举、钱良贵同登雷峰塔访鲁山文公讲主》，（袁浙西，钱浙东）《四库全书》。

[9] 无名氏《采茶歌》，引自路秉杰《雷峰塔的历经》，《同济大学学报》社科版，第11卷第4期，2002年12月第4页。

[10] [明]马浩澜，西湖十景南乡子词《雷峰夕照》《四库全书》。

[11]《御选明诗》卷十五，《乐府歌行》十二，福报《和西湖竹枝词》《四库全书》。

[12] [明]谢晋撰《兰庭集》卷下，《赋得雷峰落照送僧游杭》《四库全书》。

明代这三首诗反映着当时人们在西湖悠然自得地赏景，雷峰塔在西湖景观中是多么的不可或缺啊！

雷峰塔经过500多年风雨之后，明代嘉靖间（1533～1566）被入侵敌寇烧毁，塔外回廊全部缺失，仅存光秃秃的砖塔身，令人醉心。

当时生活在杭州，与雷峰塔朝夕相处的李流芳称："吾友子将尝言'湖上两浮屠，雷峰如老衲，宝石如美人'。予极赏之。辛亥在小筑与方回看荷花，辄作一诗，中有云'雷峰倚天如醉翁'……盖余在湖上山楼，朝夕与雷峰相对，而暮山紫气，此翁颓然其间，尤为醉心。"[13]

对于这座残毁的古塔，人们一直情有独钟，清代（1644～1911）初年厉鹗有诗称：

"黄妃塔颓如醉叟，大好残阳逗浑疑，劫烧余忽讶飞光，渔村网收人唤酒"。[14]

许承祖诗作：

"黄妃古塔势穹窿，苍翠藤萝兀倚空。奇景那知缘劫火，孤峰斜映夕阳红。"[15]

乾隆皇帝南巡时不止一次地写下咏雷峰塔的诗篇；并称内务府藏有莫景行所绘《西湖草堂图》中，尚存雷峰塔被毁前的形象。于是在乾隆十七年（1752）第一次南巡之后便题写了《题莫景行西湖草堂图》[16]：

"骛望湖山有所思，遥情千里座中移，玲珑更见雷峰塔，喜未曾经劫火时"。

乾隆皇帝还曾为其无法登塔而感到遗憾，乾隆二十二年（1757）第二次南巡时写道："峰峰夕照都奇绝，十景惟斯旧擅名。所惜堵波登未得，付他高矗晚霞横。"[17]

这时，塔虽残破，还能欣赏到雷峰夕照的霞光云彩红粲之景色；

"南屏别嶂堵波矗，夕照从来得雅名。遗迹漫因叹兴废，竖穷三际十方横。"[18]

这首诗是乾隆二十七年（1762）第三次南巡时写的，到了乾隆四十五年（1780）第五次南巡、四十九年（1784）第六次南巡又写过两首诗《咏雷峰塔》：

"中峰回映净慈峥，僧院显严旧有名。白业废颓非昔观，黄皮突兀至今撑。

[13] 原载杭州园林文物局编《西湖志》，《西湖卧游图题跋·雷峰暝色图》，按，子将即杭州名士闻启祥。上海古籍出版社，1995年。

[14] [清]厉鹗：《樊榭山房续集》卷十，《雷峰夕照》。

[15] 许承祖：《雪庄西湖鱼唱·雷峰塔》引自张建庭、王冰主编《千年胜迹雷峰塔》，杭州出版社，2002年9月。

[16] [清]高宗《御制诗》二集卷三十一，《题莫景行西湖草堂图》古今体九十首，壬申一。

[17] [清]高宗《御制诗》二集卷七十，《雷峰夕照》古今体一百十三首，丁丑五。

[18] [清]高宗《御制诗》三集卷二十二，《雷峰夕照》古今体一百二十六首，壬午六。

诗词谁继林和靖，图画犹存莫景行。窣堵漫嫌留半截，应知全体个间呈。"[19]

"莫氏图中塔尚窥（……内府旧藏有莫景行《西湖草堂图》，盖未毁前所写，是以壬申题句有"玲珑更见雷峰塔，喜未曾经劫火时"之句），废颓莫辨故何其，大都成乃坏之本，欲示色原空即斯，灿烂南朝诩金界，荒唐野史说黄皮，玲珑半截八窗影，月任照还风任吹"。[20]

以上的几首诗除了第一首是看着《西湖草堂图》有感而发的，另外的几首诗几乎是每次南巡到达杭州必写雷峰塔，多次表达对雷峰塔被毁前的形象颇为怀念，还批评了野史把雷峰塔说成"黄皮塔"之荒唐。

到了民国年间，雷峰塔一景仍然是杭州著名景观（图 1-1-2.3），徐志摩曾有这样的感受："这塔的形与色与地位真有说不出的庄严与美"[21]，"在我们南方，古迹而兼是艺术品的止淘成了西湖上一座孤单单的雷峰塔"。[22] 因此他说"我不爱什么九曲，也不爱什么三潭，我爱在月光下看雷峰静极了的影子——，我见了那个，便不要性命"。[23]

老衲也好、醉叟也好，雷峰塔还活着，而且是"古迹而兼为艺术品"，令人醉心，还存于世。然而 1924 年古塔倒塌之后就不同了，人们对这座古塔的情感失去了依托，转变成怀念和期盼；在雷峰塔倒塌一周年之时，徐志摩写下这样一首诗：

　　　　　　"再不见雷峰，雷峰坍成了一座大荒冢，

　　　　　　　　顶上有不少交抱的青葱，

　　　　　　　　顶上有不少交抱的青葱，

　　　　　　　再不见雷峰，雷峰坍成了一座大荒冢。

　　　　　　　为什么感慨，对着这光阴应分的摧残？

　　　　　　　世上多的是不应分的变态，

　　　　　　　世上多的是不应分的变态，

　　　　　　　为什么感慨，对着这光阴应分的摧残？

[19] [清] 高宗《御制诗》四集卷七十一，《咏雷峰塔》古今体八十三首，庚子七。

[20] [清] 高宗《御制诗》五集卷六，《咏雷峰塔》，古今体一百八首，甲辰六。

[21] 顾永棣编《徐志摩诗集》，第二集《再不见雷峰》，第 177 页注释。

[22] 顾永棣编《徐志摩日记书信精选》，《西湖记》，第 26 页。

[23] 顾永棣编《徐志摩诗集》，第二集《再不见雷峰》，第 177-178 页。

[图 1-1-2] 雷峰塔老照片

为什么感慨，这塔是镇压，这坟是掩埋。

镇压还不如掩埋来的痛快！

镇压还不如掩埋来的痛快！

为什么感慨，这塔是镇压，这坟是掩埋。

再不见雷峰，雷峰从此掩埋在人的记忆中：

曾经的梦幻，曾经的爱宠；

曾经的梦幻，曾经的爱宠，

再不见雷峰，雷峰从此掩埋在人的记忆中。"[24]

这首诗代表了当时人们对雷峰塔的情感，因此，在塔倒塌后地方官绅曾筹款拟修复[25]，但未果。此后，人们对这座塔的怀念所写文章络绎不绝。

文化界名人黄炎培先生多次赋诗表达了对雷峰塔的情怀。1929 年秋便在《杭州杂咏》诗中写道："一水沉沉数劫灰，几番金碧几蒿莱。梦回苦忆雷峰塔，谁是湖山再造才？"[26] 这首诗中指出了雷峰塔对西湖湖山的价值，这座塔与湖山有着密不可分的关系。少了它似乎改变了湖山关系。 1932 年中秋在泛舟西湖时，兴来即诗："一抹云罗束两峰，声声哀燕散秋空。更无人识雷峰塔，只在诗翁想象中"[27]。先生怀念着雷峰塔，情绪哀婉，在诗人眼中连飞过的燕子都带着几分悲哀。1933 年春则写道："红万字亭成画本新，雷峰再造更何人？寒风自挺霜崖秀，转眼开天大地春"[28]，见到新建的亭子，联想到雷峰塔，再次发出"雷峰再造更何人"呼声，直白地说出自己的心愿——再造雷峰塔。1933 年秋，他忽在梦中见到雷峰塔的身影，醒来屈指一算，塔圮已整十年矣，于是提笔写下：

---

[24] 顾永棣编《徐志摩诗集》，第二集《再不见雷峰》第 177-178 页。

[25] 据《新编浙江百年大事记》载 1926 年 10 月：西湖雷峰塔自上年倒塌后由本省官绅筹款万元，拟加修复，此款旋被拨作犒军之用，修复无望。

[26] 黄炎培：《黄炎培诗集》，《苞桑集》卷一，《杭州杂咏》1929 年 9 月 16 日。中国文史出版社 1987 年版第 38 页。

[27] 黄炎培：《黄炎培诗集》，《苞桑集》卷一，《中秋携家人泛西湖简友》1932 年 9 月 15 日。中国文史出版社，1987 年版第 47 页。

[28] 黄炎培：《黄炎培诗集》，《苞桑集》卷二，《令仪将游西湖，示我二词，吐秀成春，镌愁到骨，报四绝句以广之》，1933 年 4 月 4 日。中国文史出版社，1987 年版第 53 页。

"入梦雷峰怆十霜，秋滕云锦不成章。南屏山下无人到，深巷严扃卧二汪。"[29] 抗战胜利后，回到杭州，又不断勾起他对雷峰塔的怀念。

新中国成立后黄炎培先生已经担任首届中央人民政府委员、国务院副总理，随后又担任第一、二、三届全国人大副委员长，第二、三、四届全国政协副主席。1952年黄先生来杭，凭吊雷峰塔遗址后，又曾赋诗《想象中的雷峰塔》："谁成谁坏究无方？入梦黄妃三十霜。论出唯心堪一笑，渡江匹马值孙郎。"

从这些情真意切的诗文中，可以感受到黄炎培先生对再造雷峰塔的痴迷之情，对雷峰塔重建的期望，真是"梦寐以求"。从1924年雷峰塔倒塌至1966年黄炎培先生逝世，在长达40多年间有关重建雷峰塔呼吁有过几十次，仅流传于世的诗就有7首之多。

民国年间，杭州市民及海内外同胞还曾于1933年、1946年集体呼吁重建。

解放后，还有一大批热爱西湖、热爱雷峰塔的各界人士一次次呼吁重建雷峰塔。1953年杭州市园林局为了满足人民的诉求，曾在夕照山种植红枫，营造烘托"夕照"意境。1979年同济大学陈从周教授撰文称"西湖雷峰塔倾圮已五六十年了，新中国也已进入三十而立的时代，我们建筑界已呼吁了多少次，想将它重建起来，恢复一个西湖风景点……'雷峰塔圮后，南山之景全虚'，似乎开始打动了主事者的心，因为北山一带游人太多，南山有一风景点，起了'引景'作用。……"[30] 他所提出的论点，得到社会各界有识之士热烈反响，凸显出雷峰塔在西湖景观中的重要地位。

已故杭州市副市长、园林局老局长余森文先生晚年一直为重建雷峰塔奔走呼吁。著文论及重建雷峰塔的意义："西湖是以水面为主的自然风景区，在傍湖的山岗或丘陵之上，要有较高的建筑物映衬西湖水光山色的美景，又可以构成一个景点，以加强自然风景美，使天然美与人工美综合起来。保俶山的保俶塔，夕照山上的雷峰塔，都是建筑美与自然美的协调与统一的范例。""雷峰塔的位置，对西湖起着重要的作用，不重修雷峰塔，西湖南面好象有一个缺口。从美学的观点来看，由于雷峰塔的倒塌，西湖风景区在布局上失去了平衡。何况'雷峰夕照'

---

[29] 黄炎培：《黄炎培诗集》，《苞桑集》卷二，《湖吟十二绝》1933年。中国文史出版社，1987年版第78页。
[30] 陈从周《书带草集．谈西湖雷峰塔的重建》。转引自杭州园林文物管理局施奠东主编《西湖志》，上海古籍出版社，1995年版第481页。

[图 1-1-3] 雷峰塔老照片

已是流传千载的自然风景美与人文景观美结合得很好的景点,具有很大的吸引力,对发展风景旅游事业是有好处的。"

二、保护文化遗产的重要决策

　　1983 年 5 月 16 日国务院批复同意《杭州市城市总体规划》第二十四条关于"恢复西湖十景之一、并为民间流传极广的雷峰塔"[31]。1984 年园文局风景资源调研组关于重建雷峰塔研究报告称:"夕照山,解放初期,即种植大量红叶树种,如鸡爪槭、枫香、红柏等等,以增'夕照'景色,现在均已成林。……西湖十景之一的'雷峰夕照'是以雷峰塔为根本的,没有雷峰塔,也就谈不上'雷峰夕照'了。雷峰塔作为一个艺术形象,在西湖风景的轮廓线上,仅有北面的保俶塔,没有南面的雷峰塔,在整个画面上似乎缺少点分量,不免有南北不平衡之感,有了它会显示出更好、更完美的艺术效果。"

　　在执行《杭州城市总体规划》的过程中,随着城市的发展、市民生活的变化,旅游事业蓬勃发展,来杭的旅游人数猛增,使得已有的景点非常拥挤,到了 1987 年第六届全国人大五次会议,浙江代表再次提出了"重建雷峰塔,恢复雷峰夕照"的提案。国家旅游局针对杭州的旅游状况也曾指出:"近几年来,杭州市开放的景点大部分集中在西湖北线,人满为患,拥挤不堪。尽快修复南部景点,开辟南线游览路线,打通环湖游览线,扩大环境容量,疏散游人,已迫在眉睫;雷峰塔以其特有的知名度,修复后必将具有一定吸引力,有利于疏散人流,缓解北线的拥挤状况。"[32]

　　1989 年在民间出现了"雷峰塔重建促进会",他们再次呼吁"随着浙江省与杭州市旅游事业的不断发展,海内外来杭寻访雷峰塔故址的人络绎不绝,无不以不见'雷峰夕照'为叹。60 多年来,重建雷峰塔的呼声不断。1984、1987 年两次举行的'西湖南线风景旅游研讨会'上,不少专家、学者也都提出和呼吁重建

---

[31] 引自浙江省文物考古研究所《雷峰塔遗址》第一章第 10 页。文物出版社 2005 年 12 月。
[32] 万润龙《"雷峰"有幸重伴夕阳——关于重建雷峰塔的报告》原载《文化交流》1999 年 04 期第 44-46 页。

雷峰塔。尤其是在与'雷峰夕照'相呼应的西湖十景之一'南屏晚钟'景观恢复后，重建雷峰塔的呼声更甚。有鉴于此，我们几个社会团体与省市部分新闻单位，根据 1983 年 5 月 16 日国务院批复同意《杭州市城市总体规划》第二十四条关于'恢复西湖十景之一、并且民间流传极广的雷峰塔'之事，倡议发起成立'雷峰塔重建促进会'……使雷峰塔重新为西湖增色，令人不再为'雷峰夕照'之消失而抱憾。"[33]

杭州市委市政府领导下决心，改变旅游南冷北热的局面，协调各方矛盾，同时探索文化遗产保护新途径，落实联合国教科文《关于在国家一级保护文化和自然遗产的建议》中提出的"人们应该让文化及自然遗产在现实生活中发挥重要作用，并把当代成就、昔日价值和自然之美纳入一个有机的整体"的理念，终于在 1999 年作出了启动了重建雷峰塔的工程的重要决策。

三、建设工程的准备工作

雷峰塔在重建之前的遗址于 1997 年已经被列为浙江省文物保护单位，在建设工程开展之前，要考虑的是保护好雷峰塔遗址问题。当年雷峰塔倒塌后形成一个南北长 60m，东西宽 45m，高 10 余米一座馒头状的巨大遗迹，位于夕照山主峰东侧。据实测得知，最高处达海拔 43m，经 70 多年风尘岁月，已经覆盖了一层厚厚的泥土，遗址范围内树木、杂草丛生。因此，需要进行考古发掘，才能了解遗址的真实情况。进行考古发掘，必须经过上级主管部门的批准。2000 年末国家文物局发出"文物保函 2000 年 97 号"文件《关于雷峰塔遗址进行考古发掘的批复》。紧接着浙江省文物考古研究所的领导和专家，到现场对遗址进行全方位考察、测量，还使用遥感技术，探测湮没在地下的遗址。编制《雷峰塔遗址考古发掘方案》，同时筹组雷峰塔遗址考古队。2000 年的春节刚过，便启动了考古发掘工作。同时，

---

[33] 转引自杭州园林文物管理局施奠东主编《西湖志》，上海古籍出版社，1995 年版第 482 页。

在开始发掘工作之前，首先清理了遗址上的杂树。

雷峰塔遗址的考古发掘工作由"浙江省文物考古研究所"承担，从 2000 年 2 月 12 日开始到 6 月 6 日，为遗址考古第一阶段工作，历时近四个月，清理出高约 10m、占地约 2000m2，规模宏大而壮观雷峰塔遗址。[34] 下一步的工作便是发掘遗址中央的地宫和遗址周围的原有塔基。

[34] 考古发掘中清除近万吨残砖、破瓦、废土的工作得到了东阳市第二建筑公司的支持。

第二章　雷峰新塔项目解析

第一节　雷峰新塔的设计理念

一、雷峰新塔的性质

　　1999 年末杭州市开始新雷峰塔建筑设计招标，邀请几个单位以竞标的方式来投入这项工作。当时给设计单位提出的任务书中谈到：这项设计的目的是弥补西湖风景区南线旅游标志性景观缺失的问题，找回西湖十景之一的"雷峰夕照"，以求改变西湖旅游南冷北热的局面。有关雷峰塔的故事家喻户晓，多年以来杭州市民一直希望能够再建一座新的雷峰塔。过去迫于思想认识的原因，建塔问题被搁置下来，今天各方面的条件有所变化，于是重建的问题终于提上了日程。

　　这个项目难度很大，对设计者来说是个挑战。这相当于一篇命题作文，不是可以自由发挥的个性化建筑创作，必须考虑杭州市民的民意、特定的环境和特殊的历史背景，牵涉的方面很多。

　　我们作为设计方，一接到项目任务，首先想到的就是如何对待传统文化遗产的问题，这里有我们很关注的文物保护、古塔建筑风格变化和景观设计等研究内容，这些都是建筑界一直在讨论的热点问题，有理论价值也有实践意义。正是因为项目本身非常好，所以我们决定让在读的几位硕士、博士研究生做了三轮方案。每一次方案都有一个内部的小竞赛，教师和学生一起的专题讨论会不下 20 次，最后拿出来的方案是经反复筛选、互相取长补短的设计作品。

　　当时我们想得最多的就是如何来理解文物保护和文化发展的关系，理解雷峰塔所具有的的独特的文化历程。我们保护文化遗产是为了记录文化发展的足迹、人类文明的历程，这是我们的方案的着眼点。从历史的进程中不难看出，每个时代的人都是处在一个承上启下的位置，历史是不能重复的，历史不仅包括过去也包含了现在。简单的复原恰恰是一种片面地对待历史的态度。我认为理解建筑的文化价值一定要从整体上把握，要看到文化不是一成不变的僵死的东西，而是人类活生生的历史写照，有继承有发展。很多古老的传统到现在还在延续，这些传统已经成了我们民族的标志，如果丢掉这些东西，我们就没有立足点了。另一方面，文化又是发展的，如果没有发展，没有新东西，文化也不会越来越丰富。继承和发展使得文化在历史的进程中不断积累，日益深厚，在雷峰塔的兴衰历史中这些都可以看得很清楚。

然而，对于这座新塔的性质，当年却有不少人是不明确的，记得有位文物管理者在设计方案尚未评审之时，便抢先发文给地方上的文物管理部门，称"不准在遗址上盖塔"。这句话本身并没有错，他的疑虑似乎是担心在遗址上搞建筑而破坏了遗址，过去曾有过类似的事情发生，因而宁可让遗址在荒草丛中沉睡，也不要去动它。这位管理者注重保护却忘记了发挥遗址的作用，完全没想到保护和展示可以一举两得。不过他发的文件并未向设计单位传达，我们清华大学建筑学院、建筑设计研究院，对此不知情的设计者，以满腔热情，投入了项目设计。

首先是辨别雷峰新塔的性质。雷峰古塔从西湖上看，地处杭州旅游南线的中心部位（图 2-1-1），1924 年"雷峰倒塌，湖山顿改"，使西湖南线景观平淡失色；"雷峰夕照"遂成为无可依托的想象和追忆。新建的雷峰塔按照委托方的任务书要求，首先让人想到的是具有景观属性的建筑，目的是要"找回西湖十景中的'雷峰夕照'一景"。但绝不止于此，由于雷峰塔遗址还在，并且是文物建筑，被列为浙江省文物保护单位，因此必须处理好新塔与遗址的关系，遗址的现状是雷峰塔倒塌后由塌落物形成的大土堆，方圆达四五十米，占据了设计地段用地的中心位置，上面长满了树木和杂草，并无具体保护措施（图 2-1-2），只有一座水泥砌筑的写有"浙江省文物保护单位"的标志牌立在旁边。新塔建在何处呢？现场并无明确的地段容纳新塔，要正确地选择新建塔的位置，必须从分析雷峰新塔的性质是什么开始。

在构思方案时，我们按照建设方对设计目标的要求，即能够达到弥补西湖南线景观缺失的功能。但是并不止于此，首先它应当是一座保护文物类的建筑；当

[图 2-1-1] 雷峰塔在杭州西湖位置图

[图 2-1-2] 雷峰塔遗址（浙江省文物考古研究所）

然也应当与景观需求相结合，雷峰新塔又不同于一般的景观建筑，它具有保护古塔遗迹的责任，因此我们认为雷峰新塔应当是在保护遗址的前提之下，展示古塔遗址形貌的景观建筑。在此基础上，进一步分析雷峰塔的特殊性质，主要有以下几个方面：

1. 雷峰塔始建于公元977年的吴越国时期，历经南宋重建、明代倭寇焚毁以及1924年倒塌等几个主要的历史阶段，至今在原址上仍留有倒塌的残迹，并被列为浙江省文物保护单位。

2. 雷峰塔在中国文化史上占有重要的地位。历代的地方史志对它多加赞赏，以它为背景的历史故事《白蛇传》妇孺皆知。历代的文化人对它也多着笔墨，既有歌颂也有否定，特别是在1924年倒塌后的那段时间里，鲁迅先生曾写了《论雷峰塔的倒掉》一文，加以抨击。

3. 在明嘉靖年间雷峰塔的木构腰檐、平坐被焚毁后至倒塌前，雷峰塔曾以残毁的砖塔芯的形象存在了300多年，且此残塔的形象有照片存世，故而在现代大多数人的脑海中形成了"唯一"的印象，认为雷峰塔就是砖塔芯的样子。

4. 雷峰塔的存在曾对西湖特别是西湖南岸的景观起过重要的作用 (图 2-1-3)。

为了与一千多年的雷峰塔加以区别，我们将这个建筑定名为"雷峰新塔"。雷峰新塔设计如何满足保护文物遗迹的需求？是一个颇费思索的问题，是一幢古建筑的复原？还是一幢全新的建筑？或许是其他什么后现代风格？当时无论是从一些参加竞标单位所拿出来的设计方案，还是一些评审者所发表的言论来看，这是一个认识并不清楚的问题。

基于以上的分析，我们以为新塔的设计必然涉及下列三个主要问题：

（1）雷峰塔倒塌后的遗迹还存在，并为省文保单位，新设计的建筑位置如何满足杭州市旅游布局的战略调整问题。

（2）新塔形式与文物建筑遗址的保护之间的关系问题；

（3）西湖景观的需求和新塔尺度控制问题。

这座建筑的特殊性，决定了我们今天必须以新的理念来进行这项设计工作。

[图 2-1-3] 雷峰塔老照片

我们认为"雷峰新塔"的设计是一项具有学科前沿性质的设计任务，绝不等同于一般的古建筑复原设计，当然更不是建筑师凭借个人爱好进行创作的作品。

二、雷峰新塔设计应以保护文物建筑为本

1999年12月开始雷峰新塔设计招标后，社会上广大群众即获知了将要"重建雷峰塔"的消息，当时不同阶层的人士对雷峰新塔的设计存在着种种想法和意见，有的要复原成1924年倒塌前的残塔、有的要复原雷峰塔初始的样子，有的要建全新的形式。遗憾的是，其中大多数意见往往只是从一个简单的层面上来判断，忽视了这个问题的复杂性，存在着诸多学术上的误解，且对新塔将来使用的情况缺乏估计，因此有必要在此对其中具有代表性的一些观点作进一步的剖析，分析当时存在的种种误解，以正视听。

如何处理文物建筑保护问题？

尽管这次设计任务并非由文物主管部门提出，但我们认为文物建筑的保护是必须首先考虑的问题。雷峰塔倒塌的残迹经过七十多年的风风雨雨，能够保存下来，实在是难能可贵的，因此它被列为文物保护单位。从历史文献记载与留存的雷峰残塔历史照片看，砖砌建筑不同于欧洲的石构建筑，这座残塔是非常脆弱的，面对像雷峰塔这样的重要遗址既不能破坏，也不能让其永远沉睡着。以覆盖构筑物来保护遗址，岂不是可以将文物保护与新塔建设两者很好地结合起来吗？

在我国，对待古遗址的保护还是一门新的学科，历史遗址、遗迹的价值经常被忽视，而总想搞复建，有的甚至毁掉了真文物，复建了假古董，这是十分令人痛心的。复建的目的是什么，值得追问。比如，在北京，曾经有人高喊要以企业行为在圆明园的遗址上复建，在雷峰新塔的征集方案中，有人提出："为了突出遗址的保护，新塔最好异地而建。"这种观点表面看来似乎是重视遗址保护的，

实际上把遗址保护和新塔建设看作是互不相干的两件事。这里所谓的"异地而建"就是换个地方，重建一座新塔，如果新塔远离雷峰塔所在的位置，那又何以称其为雷峰塔？因此，其中所谓异地而建的方案，不止一例，大都离原址不远，还得守住原雷峰塔所在的用地狭窄的小山丘，于是有的方案把新塔放在遗址西侧的夕照山半山腰，有的方案把新塔放在夕照山顶，还有的放在夕照山西部山脚下，等等。这些方案的结果是一座几十米高的新塔矗立在遗址旁，颇有置遗址于不顾的态势。同时在体量上谁主谁次更是不言而喻的，那么，又怎能让来此观光的游客感受到"突出遗址的保护"呢？在遗址旁重建一个高塔，其行为如同花费了数千万元在真古董旁边放置了一个赝品，这将有碍人们对真文物价值的认识。

"突出遗址保护，新塔异地而建"的另一错误，表现在对待文物建筑所处环境的态度上，《国际古迹保护与修复宪章》（威尼斯宪章）曾经规定："古迹的保护包含着对一定规模环境的保护，凡传统环境存在的地方必须予以保持……古迹不能与其所见证的历史环境和其产生的环境分离。"[1] 雷峰塔虽已倒塌，但其周围的环境变化不大，保护它所处的环境也是非常重要的。从地段环境来看，本来雷峰塔所占的位置，按照古人的说法，是与保俶塔处在同一条子午线上，移左或移右都将改变这种历史格局，不利于西湖景观的整体效果，易地重建破坏了原有景观的相互关系。这种方案虽称"突出遗址保护"，实际上很难处理新塔与遗址的相互关系，结果只能是又高又大的新塔得到突出，客观上造成以赝品为主角的环境特征。西湖好比是一座人类文化的博物馆，建塔时它正在申报世界文化遗产，如果不顾原有环境的保护，硬是在旁边建一座新塔，将对西湖申报世界人类文化遗产产生不可低估的负面影响。因此从保护文物原有历史环境的角度来看，在遗址旁建造新塔的方案改变了历史环境。

我们提出为雷峰塔遗址加盖一个保护罩的构想，是基于雷峰塔的"考古遗址是一种容易损坏、不能再生的文化资源"的考量，认为只有这种方案才能更好地保护遗址，同时也保护了遗址中所隐藏的若干不为人知的有价值的文物。这个保护罩方案把遗址当作博物馆中的展品，可供人们仔细参观，得到心灵的慰藉。《考

---

[1] 第二届历史古迹建筑师及技师国际会议于 1964 年 5 月 25 日至 31 日在威尼斯通过的《国际古迹保护与修复宪章》第六条，原载国家文物局法制处编《国际保护文化遗产法律文件选编》，紫禁城出版社 1993 年版第 163 页。

古遗址保护与管理宪章》对考古遗址展示的意义，曾经有着明确的诠释："向民众展出考古遗产是促进了解现代社会起源和发展的至关重要的方法。"[2]

从文物建筑保护的理论来看，要求对待文物建筑的保护措施具有"可识别性""可逆性"。所谓"可识别性"指的是要将保护手段与真正的文物遗迹区别开来，"重建建筑（新塔）不应直接建在考古遗址上，并应能够辨别出为重建物"[3]。"可逆性"是对于文物所采取的保护的技术方法而言的，一件文物在一定的历史条件下，其本身所采用的某种技术做法，是它的个性所在，如果仍然采用与其相同的方法去修复，随着时间的检验可能会产生疑义，不易将两者加以区别。因此在保护文物的方法手段上，当发现有更好的手段来进行保护时，旧的保护手段应当具有可以去除的个性。对雷峰古塔的保护手段需要具有"可识别性"和"可逆性"。因此雷峰新塔这个保护罩，具有满足覆盖遗址所需的大跨度无柱空间，因此我们的设计方案提出采用现代的结构方式——钢结构。同时这种结构本身已经具有了"可识别性"，不是古代的技术，同时又具有"可逆性"，即可以在不影响保护对象的条件下予以更换或去除。当然这个保护罩的外表必须具有景观所要求的特征。

三、走出对文物建筑保护理解的误区

雷峰新塔的应标设计方案，绝大多数方案把它视作为一个景观建筑来设计。有的方案对古塔遗址的存在几乎未作任何回应，有的将遗址置于塔旁，另做处理，塔是塔，遗址是遗址，两者似乎没有关系；有的方案把遗址仅仅用"膜结构"包起来，更关注新塔的处理。那白色的"膜结构"出现在夕照山，其形象与整个山体的关系实在是不伦不类，且不具有永久性，根本谈不上是一座保护遗址的建筑。

更有甚者，在雷峰新塔建成之后，还有人发表如下的长篇评论：

---

[2] 国际古迹遗址理事会全体大会第九届会议于 1990 年 10 月在洛桑通过《考古遗产保护与管理宪章》第七条，原载国家文物局法制处编《国际保护文化遗产法律文件选编》，紫禁城出版社 1993 年版第 179、180 页。

[3] 同上，第 180 页。

"赞成恢复重建雷峰塔，但是必须严格按照历史原样来恢复，因为这是一个著名的古迹，只有恢复历史原样，才有存在的价值。""很多文物古迹在历史上都经过程度不等的毁坏，不是最原始的实迹了，比如杭州的著名景点六和塔、灵隐寺在历史上都曾多次被毁，又多次重建，但是因为重建是严格按照原样恢复的，重建后的建筑依然具有历史文物的价值，依然可以当作国家重点文物保护起来。现在的雷峰新塔虽然工艺很精致，钢结构很牢固，铜外饰很漂亮，用雷峰塔文化旅游发展有限公司有关人员的话说是全钢结构、全铜外饰创造了一个'中国第一'，但是它还只是一个精致的工艺品而不是一个文物古迹，更不可能在这里竖立全国重点文物保护单位的牌子，雷峰塔遗址发现的贵重文物也不可能在这里永久收藏。这样的建筑充其量只能说是一个古塔形状的现代建筑，或者是一个古塔形状的雷峰塔遗址陈列馆。……历史上的雷峰塔不是这个样子的，历史典籍和古画里都有，而且雷峰塔原本是实心的砖塔，不是目前这样可以容人游览的庞大的模样。"[4]

这段谈话有几处错误。一是雷峰新塔本来就不是原塔的复建，它只是一个文物遗迹的保护罩，但同时它又是具有景观价值的现代建筑，这是由于它所处的环境决定的，由于它位于西湖南岸，自然具有景观的职能，因此它的形象倍受关注，如果做成奇奇怪怪的形象，将与西湖这处具有深厚历史文化内涵的历史地段极不相称，因此选择以南宋时期的雷峰塔为原型，作为设计这个文物建筑遗址的保护罩的表层形象。

另外，其提出的"严格按照历史原样来恢复……只有恢复历史原样，才有存在的价值"。这样的观点恰恰落入"假古董"的窠臼。雷峰塔作为文物建筑是不能"复生"的，这不仅因为今天已经不是当年造塔时的环境，无法使用当年的建筑材料，工匠的操作也不可能像吴越或南宋时期那样，所谓"历史原样"是永远不可能实现的；更因为"历史"无法复制，即使用砖砌了一个 1924 年之前的塔，充其量也只能算赝品，绝不可能成为文物建筑。每一座文物建筑都是经过时光的蹉跎，具有它所历经的岁月之痕迹，"诉说着时间上漫不可信的变迁"。[5] 模仿历史原样造出的只能是一座假古董，恰恰失去了"存在价值"。原有雷峰塔所具

---

[4] 记者访问《杭州某大学历史系主任、博士生导师某教授谈话》。

有的价值，还在于其能够通过所承载的历史信息，告诉人们当年的历史、文化、技术、科学等等，假古董则不会具有这些价值，当然也就没有存在的价值。

至于雷峰塔的原样，也非这位历史系教授所说的"实心砖塔"，这在本书下一节将专门介绍雷峰古塔的结构。

倒塌前的原样确实不是现在所建新塔的样子，如果按原样造新塔，且不说技术上的问题，建在何处就是问题，如果建在原址势必会对现存遗址造成破坏，这又如何做到保护文物建筑呢？古人确实有在原来文物的基础上重修的事例，例如这位教授所说的杭州六和塔，如果仔细看看现存的六和塔，就会发现其内部南宋时期建造的砖塔芯还完整地存在着，只是表面的木构平坐和腰檐被毁了。清末光绪二十六年（1900）对其进行重修，但并没有按照原样修缮，而是把平坐和腰檐统统做成一种模式；平坐本为支撑外廊的结构，被改成了一层，并增设了屋檐，原有的 7 层塔变成了 13 层，从外观上看各层高矮不一 (图 2-1-4)。塔的内部也改变了原有的结构逻辑，从下向上有如搭积木一样，一柱一梁地搭到顶层，各层的木梁前部搭在柱子上，后尾插在砖塔芯上，勉强算是解决了木构外檐廊的支撑问题，但这也不是宋代六和塔的结构做法。清末改建的结构，木梁尾随着登塔人员的增多，荷载的增加，逐渐从砖塔芯拔出，1990 年不得不又进行了一次维修，才保证了六和塔外檐廊部分的安全。

六和塔的修缮，在古人那里也并非像这位教授所说的"按原样"啊！不仅六和塔如此，中国古代的众多建筑都在"焕然一新"的口号下，失掉了文物本身所具有的初始时代的历史信息。有的在重修中反映重修年代的技术做法，当然也是一种历史信息，当时由于人们没有科学的保护理念，致使修缮产生了这样的后果。清华大学建筑设计院曾在 1990 年对六和塔进行修缮设计，我们当时既保留宋代的砖塔芯，也保留了清代外檐修缮的信息，同时采用现代科学技术手段来完成塔的"安全性"要求。这就是对文物建筑修缮按照文物保护学科所倡导的的科学做法。

重建的雷峰塔确实像这位教授所说的，"不可能挂上文物保护单位的牌子"，因为它的性质仅仅是文物建筑的保护罩，同时又是景观性建筑，当然没有必要挂

---

[5] 梁思成、林徽因《平郊建筑杂录》，《梁思成文集》第一卷第293页，中国建筑工业出版社，2001年4月。

[图 2-1-4] 六和塔外观

上文保单位的牌子。

四、雷峰新塔的形象

今天所建的新塔不是古塔的克隆；在评标的过程中，关于雷峰新塔的形象问题，成为评判的焦点。有的主张按照 1924 年倒塌前老照片的样子盖一座新塔，提出希望新建的塔能满足人们对雷峰塔的记忆，认为人们对雷峰塔倒塌前的形象的记忆，那就是一般人心目中的雷峰塔。还有的提出这一形象具有难得的"苍凉美"的特点，要建新塔，就应当按倒塌前的砖塔芯的形象重建。

雷峰塔倒塌前，确实有其特点（图 2-1-5），明代有诗称"雷峰如老衲，宝石如美人"，说明雷峰古塔风格健壮，但这并不等于是被倭寇焚毁前的形象。明嘉靖三十四年（1555）雷峰塔被毁，到明末才产生这种评论，肯定指的是木构塔檐和平坐被毁后的形象。假如此砖塔身至今尚存，那么砖塔身作为真正存在着的文物建筑，包含着若干岁月的痕迹、历史的信息，如同一个饱经沧桑的老人，的确可以使人产生"苍凉美"的感觉，具有很高的情感价值。但现在砖塔身已经倒塌了，正如那个曾历尽沧桑的老人已经去世了一样，留给人们的实际上只能是怀念之情，而非其躯体本身。之所以有不少人对砖塔身的形象情有独钟，很大程度上是因为对雷峰塔的原有形象缺乏全面的了解，误以为雷峰塔只是砖塔身的样子。其实，雷峰塔残败的塔身所具有的沧凉感来自千年风霜岁月的洗刷，绝非简单的人工"做旧"所能再现的，今天要创造这样的效果，最理想的状态也只能象雕塑出来的舞台布景一样，仍是一个毫无价值的假古董。希望建一座这种形象的残塔，能让人产生苍凉美的情感，是误认为人们对文物建筑的观念、情感可以转移到这种假古董上，这是根本不可能的，它只能是无本之木，身上没有任何可以打动人的历史信息。

[图 2-1-5] 雷峰塔老照片

至于复原一个完整的砖塔芯的方案，更是一个发育不全的怪胎，因为原来的雷峰塔是带有木构腰檐和平坐的，建造塔的过程是一层层叠落起来的，并不是先造砖塔芯，再添加木屋檐和木平坐，只是由于屋檐、平坐焚毁后才留下残破的砖塔芯，历史上从来不曾存在过建成初始就是完整的砖塔芯的形象，这一形象既不反映历史特征，也不具备时代风格，更没有岁月痕迹。建造这种仿制品，不可能具有"残缺美"和"苍凉美"。

另有相当多的意见主张建成一座复原的楼阁式塔，强调"应恢复其历史上最有价值的时期，即吴越国时期的建筑形象"，也就是"青春年华时期"，而非"老残时期"。具体来说就是用砖、木混合砌筑的吴越时期的楼阁式塔。不过这种观点显然对雷峰新塔建设的目的认识还不全面。雷峰新塔的建设不是探讨如何逼真建造假古董的问题，因为新建的雷峰塔不是"文物建筑"，新塔不再属于历史上任何一个朝代，它只属于现代，如果停留在追寻历史上某一个朝代的特征，必然会产生造假古董之嫌。文物建筑是不可再生的，文物本体必须是真实的，目前在雷峰塔遗址还存在的条件之下，不可能再按照吴越时期的"工程做法"在遗址上建造。由于文物建筑本身的修复，必须准确地反映其特定历史时期的特定形制，现代人的任何仿制行为都不可能把它作为"某一历史时期的建筑"。当前世界文物建筑保护的一条重要原则，就是不能以假乱真地去复制，上述观点只着眼于风格的纯正恢复、构图的完整，并不是保护文物的核心。

对于中国原有的木构建筑而言，如果有历史档案，有足够的历史资料，在不存在压盖遗址的状况下，力图恢复已经不复存在的某一时期的具体样式，也只能说是接近某个时期的风格、特点的建筑，但复原工作的每一步还是现代人根据自己的思维完成的，并不等同于文物建筑的原生品质。这对于雷峰新塔是不合适的，不仅因为没有足够的史料可循，而且因为作为真文物的雷峰塔遗址不能毁掉。

按某个时期的纯正风格进行复原的做法，曾于 11～16 世纪间在法国流行，当时的建筑师由于他们的职业兴趣而热衷于这样对待文物建筑。这种做法，今天在国际上已经被公认为是错误和落后的，与文物建筑保护的几个主要的国际宪章的精神也是背道而驰的，我们又何必仍然抱残守缺，非要把雷峰新塔恢复成某种历史时期的纯正风格呢？这次建设雷峰新塔，是一个彰显雷峰塔文化价值的旅游景观，不是造一个假古董；为了避免成为假古董，应使其具有当代建筑的特点，同时又与历史上雷峰塔的形象有一定的联系，可以引导人们对雷峰古塔当年风貌的联想，同时它又是可供游客登临赏景的建筑。从城市整体环境来看，它是可以弥补西湖景观缺失的建筑，并不是以复原一个具有某一历史时期风格的建筑，作为评判问题的标准。

五、雷峰新塔方案的诞生

综上所述，雷峰新塔建设的定位应当说既非文物建筑的复原设计，亦非与原有文物建筑毫无关联的新建筑，而是应当兼顾以上各个层面的要求，使其形象能够表述一种传承的关系，以体现时空的对话，满足人们的审美期待。由于新塔的建设必须以保护遗址为前提，它的位置从现场环境来看，当然要建在遗址之上。把遗址挖掉再重建，在法律上也是不允许的。同时新塔的位置的选择，体现着与旧塔的延续关系，从西湖景观的原有格局来看，也是最恰当的。正基于此，选择在遗址上采用现代技术手段，使新塔覆盖遗址，成为保护遗址的建筑。

从文物建筑保护手段的角度来讲，需要具有"可逆性"和"可识别性"，这也是在西湖申报世界人类文化遗产时，使雷峰新塔的建设立于不败之地的理论依据。新塔作为古塔遗址的保护罩，由于其技术手段是可以拆卸的钢结构，不会对文物本体造成损坏，这自然具有"可逆性"。

雷峰新塔下部采用较大的空间包容并展示遗址，使遗址不仅可供人们参观，还可供专业人员对雷峰塔的历史和倒塌的状况进行科学研究。同时考虑到如何避免游人呼出的气体对遗址建筑材料寿命的影响，采取一定的隔离措施，以便更好地保护这个千年古砖的残存塔体。

由于雷峰塔在文化史上的重要地位，也为了兼顾人们的观赏心理与情感期待，新塔的上部表现雷峰塔历史形象的某些特征，但其性质只是遗址上的构筑物的一种符号，而不是彻底复原的假古董。因此新塔不仅结构、材料与古塔有所不同，形象也是具有当代建筑特点的创新作品。这样做的结果自然就体现出了其所具有的"可识别性"。

新塔的建设和雷峰塔遗址的保护是同步的、一体的。雷峰古塔所藏文物通过新塔的建设工程，进行考古发掘，出土了若干无与伦比的精美文物，并且能够得到更好的保护。

新塔在西湖整体的景观效果中，只强调弥补缺失的作用，追求与周围环境的协调，并不突出其个性。

新塔为了满足旅游的需求，必须具有诸多新功能，因此在内部设有能快速输送游客的电梯，各层具有较多的空间，可以容纳更多的游人来此登高望远和凭吊历史人物、事件。同时各层内部被打算采用数字技术来展示雷峰塔的历史、白蛇传的故事、雷峰塔的诗词等，以满足人们对情感价值的需求（未实现）。基于以上理念，提出了"古塔新生"的方案，其形式仍具有古塔的一些特点，以表示与古塔的传承关系，同时其形象考虑与西湖山水相匹配。新塔下部有着较大的台基，是为了利用下部的大空间包容雷峰塔遗迹，上部的几层则为观景空间，并兼做有关雷峰塔的文化展示厅。

为了使新塔具有良好的造型和优美的轮廓，设计者不仅依据史料推测出当年古塔的基本尺寸，并对其比例作了适当调整。同时参考两宋时期的建筑遗物、遗址中出土文物、雕饰纹样等进行细部设计。塔的外表材料覆以金属板、玻璃等，当时提出了两个方案，一个是用钢架代表古塔的方案（图2-1-6），一个是以雷峰古塔为蓝本的方案（图2-1-7）。它将以一座代表21世纪建筑文化的新塔面貌献给当代。

这座建筑不同于一般的景观建筑，它将古塔遗址保护与新塔建设相结合，它

[图 2-1-6] 雷峰新塔外观 ——钢架式

[图 2-1-7] 雷峰新塔外观——古塔式

将历史景观的延续和景区环境保护相结合，它将遗址博物馆与旅游性景观建筑相结合；新塔作为西湖中的景观，彰显了古塔遗址，突出了古塔文物的核心地位，古塔遗址丰富了新塔的文化底蕴。两者相辅相成，优势互补。同时将文物建筑保护和景观建筑建设相结合，对投资的节省也都是最有利、最合理的解决方法。在经济上取得了一举两得的效果，既保护了文物，又展示了历史文化景观。

第二节　雷峰古塔史料辨析

一、雷峰古塔建造背景

吴越王钱俶崇信佛教，毕生造佛塔无数，他认为吴越国"承平兹久，虽未致全盛，可不上体祖宗，师仰瞿昙氏慈忍力所沾溉耶？"宋开宝年间，政局形势变迁无常，钱俶希望再次得到佛的恩典，决定将其所藏佛舍利"佛螺髻发"建塔供奉，塔名曰"皇妃"。

当时，吴越王钱俶在北宋平江南时，曾经出兵策应，助宋灭了南唐。但自己是否能够不被吞并？这种困扰使他寄希望于佛的保佑，于是在公元 10 世纪末，大量修建佛教建筑，先后建造保俶塔、虎丘塔、六和塔，并铸造数以万计的经涂塔。不过，迫于宋王朝的强势，在太平兴国三年（978），钱俶献所据两浙十三州之地归宋，之后，被宋封为邓王。

二、雷峰古塔所在寺院

雷峰古塔并非仅仅一座佛塔，还有寺院；据《咸淳临安志》载，雷峰塔原有塔院，"显严院在雷峰塔，开宝中吴越王创皇妃塔，遂建院……治平二年（1065年）赐显严额，宣和间兵毁，惟塔存，乾道七年（1171）重建，庆元元年（1195）塔院与显严始合为一，五年（1199）重修"[6]。另据《庆元修创记》载："浮图氏以塔庙为像教之盛，钱王时获佛螺发始建塔于雷公之故峰。泊宣政之兵火，屋宇烬矣，独塔颓然榛翳间……院旧在塔西，礼奉莫便，及审度地势，更为法堂，

---

[6] [南宋]潜说友撰《咸淳临安志》卷七十八，《寺观》四。《四库全书》。

[图 2-2-1] 嵩岳寺塔（登封市文物局）

与他对峙。僧堂、两庑以及三门翼然重新，院始合二为一。"[7]不仅记载了塔院的存在，而且还描述了塔与寺院的关系，雷峰塔初创时寺院在塔西，南宋修创，仅在塔西设法堂，僧堂、两庑及山门改在便于"礼奉"的位置。据考古发掘资料[8]，这座寺院以雷峰塔为核心，成东西向布局，东侧有山门，西侧有法堂。此外，还有僧房、厨库等位于南北两侧的狭窄地段。

在"宣政之兵火"以后，南宋僧人对宣和被毁的雷峰塔进行了重修，塔院也重新恢复。当初在"塔成之日又镌华严诸经，围绕八面"[9]，这些镶嵌在砖塔的墙壁上的经版以其材料所具有的耐火性，被保存了下来，其中有《大方广华严经》《金刚般若波罗密经》等，佛教氛围浓厚。

以佛塔为中心的寺院平面布局形式，佛塔即为礼佛的中心场所。这是中国古老佛寺的典型形制，一直延续到南宋时期，元代以后逐渐绝迹，寺院朝着以佛殿为中心的方向发展。随之佛塔也逐渐移至寺院的佛殿前、佛殿后或佛殿的左右，最后退出寺院中心区。现存以塔为中心的著名佛教寺院最早的实例，如河南登封建于北魏永平二年（509）的嵩岳寺，其中尚存当年的嵩岳寺砖塔（图 2-2-1）。又如山西应州建于辽清宁二年（1056）的佛宫寺释迦木塔（图 2-2-2、3）。双塔位于佛殿之前并列的实例，如建于太平兴国七年（982）苏州罗汉院双砖塔（图2-2-4），建于佛殿左右的，如泉州开元寺双石塔，其中西塔名仁寿塔（图 2-2-5），为绍定元年（1128）所建，东塔名镇国塔，为嘉熙二年（1238）所建。

后来，"塔形建筑"在佛教建筑中作为僧人墓塔，一直延续存在。在一些历史悠久的寺院旁出现了"塔林"，即僧人的墓塔群，如河南登封少林寺塔林（图 2-2-6），其中包含了唐代以来的二百多座高僧墓塔。另外，在社会上"塔形建筑"仍然受到人们的青睐，不过其功能已经转化成风水塔、文峰塔之类。

[图 2-2-2] 应州释迦塔

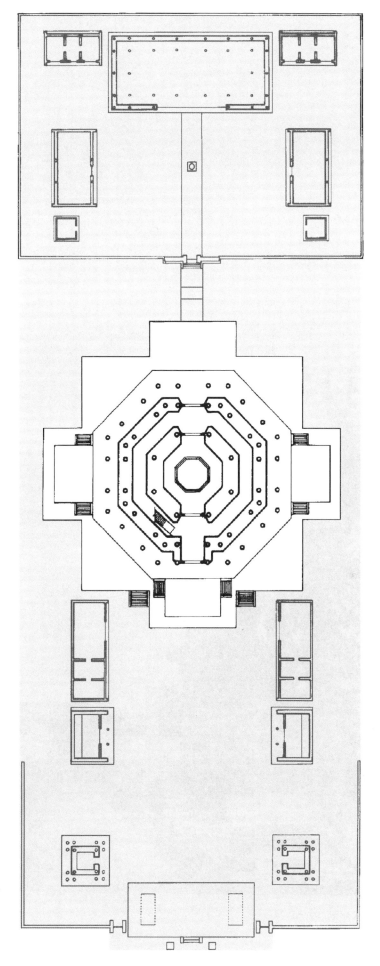

0 5 10   20米

[图 2-2-3] 应州释迦塔总平面

[图 2-2-4] 苏州罗汉院双塔

[图 2-2-5] 泉州开元寺仁寿塔（罗哲文《中国古塔》）

[图 2-2-6] 少林寺塔林

三、雷峰古塔结构类型与特点

　　雷峰古塔的造型在南宋画家李嵩的《西湖图》（图2-2-7）中有描摹，史载画家"李嵩"系木匠出身，懂得建筑结构做法，所绘建筑形象准确，据其《西湖图》中出现的雷峰塔形象判断，当为一座楼阁式塔。在考古发掘前，据现存同时代的古塔遗存推测，其结构方式系用砖砌筑塔身作为核心，从塔身外壁伸出木构挑梁、斗栱，用以支撑木平坐和出檐，形成外檐廊。砖塔身并非实心砖砌体，而是中空的筒体，各层设有楼板，以便到达各层塔心室和平坐。每层的塔心室犹如一处佛殿，其中设有佛像，可以让信众在此礼佛。在第一层砖塔身外部设有宽宽的回廊，名为副阶。副阶之处设有塔门，人们由此登塔。下设有基座，承托着整个塔体。

　　2000年对残存的塔身进行考古发掘后，更清楚地揭示出雷峰塔塔体的结构基本轮廓[10]。这座塔下部有基座，上部为塔身，采用双套筒结构，中部为塔心室，周围有回廊环绕，彼此有砖墙相隔（图2-2-8），在双层砖墙之间设置楼梯。

　　雷峰古塔的基座坐落在生土的土台基之上，平面为八边形，西高东低，土台四周用砖石包砌。东侧采用双重台基形式，台基侧面和表面作雕饰，其侧面纹样采用佛教中用以象征须弥山的"九山八海"（图2-2-9），其上表面雕有摩羯纹、水浪纹等，皆为压地隐起式浅雕。西侧为山坡突起的地势，塔基较矮，为单层形式，与地基互相嵌合，仅侧面雕有仰覆莲，采用剔地起突式。台基之上的砖塔身双套筒墙壁，仅残留3～5 m高的一段砖砌体，布满整个台基。

---

[10] 详见黎毓馨《杭州雷峰塔遗址考古发掘及意义》，《中国历史文物》2002年第5期。

[图 2-2-7] 李嵩《西湖图》

[图 2-2-8] 考古发掘出的雷峰塔塔身中部走道

[图 2-2-9] 考古发掘出的雷峰塔台基雕刻（山纹）

四、雷峰塔的变迁史

1. 吴越王建塔

吴越王钱俶为了将舍利"佛螺髻发"加以奉安，决定建造雷峰塔，并在其为塔上所刻《华严经跋》中写明建塔的目的和过程："敬天修德，人所当行之。矧俶忝嗣丕图，承平兹久，虽未致全盛，可不上体祖宗，师仰瞿昙氏慈忍力所沾溉耶？凡于万几之暇，口不辍诵释氏之书，手不停披释氏之典者，盖有深旨焉。诸宫监事尊礼佛螺髻发，犹佛生存，不敢私秘宫禁中，恭率瑶贝创窣波于西湖之浒以奉安之。规模宏丽，极所未见，极所未闻。宫监弘愿之始，以千尺十三层为率，爰以事力未充，姑从七级，梯是初志未满为慊。计砖灰、土木、油钱、瓦石与夫工艺像设金碧之严，通缗钱六百万，视会稽之应天塔，所谓许元度者，出没人间凡三世，然后圆满愿心。宫监等合力于弹指顷幻出宝坊，信多宝如来分身应现使之然耳，顾元度有所不逮。塔之成日又镌华严诸经围绕八面，真成不思议劫数大精进幢。于是合十指爪以赞叹之，塔曰皇妃云。吴越国王钱俶拜手谨书于经之之尾"[11]。这篇跋是从歌颂释迦摩尼的恩典写起，认为自己的国家能够承平日久是由于祖宗一直推崇佛家慈悲、忍耐的光辉雨露，（钱俶）本人也对释氏的典籍所阐释的道理深有体会，所以在日理万机之暇，不断研读释迦摩尼的典籍。宫中藏有"佛螺髻发"，拿出来供奉它，犹如佛还生存着，可以表示对佛的崇敬，这样宫中各位后妃及办事官员也都可以尊礼，因此不敢私秘于宫中，于是创建佛塔于西湖之滨，恭奉佛舍利。钱俶认为这座塔应当是规模宏伟壮丽，登峰造极的；宫中人等的宏大志愿起初打算以高达千尺十三层为目标，但是后来实施过程中因人力、物力不够充实，姑且迁就，只做了七层，未如初愿，有所遗憾。不过砖灰、土木、油钱、瓦石以及佛像仍然金碧辉煌，一共用了六百万，且在较短时间内完成了。钱俶这时又得意地说，会稽的应天塔三年才建成，与他所建的这座塔相比有所不逮。最后钱俶说，塔成之日把所镌刻的华严经等镶嵌在塔的八面墙壁上，

---

[11] [南宋] 潜说友撰《咸淳临安志》卷八十二，《寺观》八。《四库全书》。

这样，塔就成了一座精致的大经幢，让我们合十礼赞吧，塔名"皇妃"（图2-2-10）。

该文一方面表达他的崇佛心态，同时说明对雷峰塔的规模之设想，以及后来的"姑从七级"、塔名"皇妃"等都是后世一直有疑问之处，雷峰塔何时开工？据考古发掘[12]，出土了带有"辛未"（971）、"壬申"（972）、"癸酉"（973）的印模的纪年砖互相叠压砌筑，以及地宫墙上的铭刻"未二上"的文字推测，雷峰塔的开工时间应在辛未年即公元972年以后。在塔倒之后，人们清理残基时，砌筑塔体的一些带有孔洞的砖块中庋藏有经卷，曾发现《一切如来心秘密全身舍利宝箧印陀罗尼经》，经卷开头写着"天下兵马大元帅吴越王钱弘俶造。此经八万四千卷，舍入西关砖塔，永充供奉，乙亥八月。"查乙亥年是公元975年，（北宋开宝八年）。还有的经卷印的经上有"丙子"（976）年号，说明塔砖在造塔过程中是不断烧成的。另外，钱俶所撰《华严经跋》碑刻上署名"吴越王"并命名为"皇妃塔"，说明雷峰塔应在其纳土归宋之前建成。经查宋史可知，宋太祖开宝九年（976）正月钱俶曾携夫人孙氏赴北宋都城东京朝觐，同年三月朝廷赐孙氏为吴越国王妃，孙氏在这一年九月去世，朝廷曾派官员前往吊唁，并"谥王妃曰□□"[13]这时恰逢雷峰塔建成，故钱俶将此塔命名为"皇妃塔"，皇妃病故在开宝九年（976）九月，钱俶写好的《华严经跋》经过石工的镌刻，再将经板镶嵌到墙壁上，总要有几个月的时间，由此判断雷峰塔的竣工时间不会早于太平兴国二年，即公元977年。

2000年在清理遗址的过程中还发现了印有"天下""官""王"等字的砖，说明其为王室官方的工程。还有带"西关"字样的塔砖，这与1924年雷峰塔倒塌时曾在带孔的藏经砖所发现的经卷相契合，经卷卷首的题款为"天下兵大元帅吴越国王钱俶造此经八万四千卷，舍入西关砖塔，永充供养，乙亥八月十日记。"此处的日期为公元975年，表明当时雷峰塔在施工过程中曾用"西关砖塔"之名。此处的"西关"，《咸淳临安志》记载临安城门："据《乾道志》钱氏旧门，南曰龙山、东曰竹车、南土、北土、保德、北曰北关（今人家门首尚有青石枢相对），西曰涵水西关"[14]。可知"西关"为临安城门在吴越时的称谓。另据明郎瑛《七

---

[12] 见黎毓馨《杭州雷峰塔遗址考古发掘及意义》，《中国历史考古》2002年第5期。

[13] [清] 吴任臣《十国春秋》卷八二载：太平兴国二年（977）春二月宋太宗"敕遣给事中程羽来归王妃之赗，谥王妃曰□□。"这里的最后所缺两字可能是因忌讳"皇妃"之称会助长地方政权犯上作乱，而未记入书中。

[14] [宋]潜说友撰《咸淳临安志》卷十八，城郭。《四库全书》。

修类稿》载"吴越西关门在雷峰塔下"[15]，进一步证明了西关与雷峰塔的关系。

这些遗址上保留的塔砖残件，都是吴越王建塔时的原物，考古学家断定"雷峰塔五代末年初建时即为五层砖塔"[16]，此塔建成后砖塔身一直保留着吴越时期的状况。

[图 2-2-10] 雷峰新塔首层皇妃塔匾额

2. 南宋重修

雷峰塔本名皇妃塔，但后被称为雷峰塔(图2-2-11)，这与其所在的夕照山有关，对"雷峰"一名之由来，史料中多有记载，据《西湖游览志》："雷峰者南屏山之支脉也，穹窿回映，旧名中峰，亦曰回峰。宋有道士徐立之居此，号回峰先生，或云有雷就者居之故，又名雷峰。吴越王妃于此建塔。"[17]《咸淳临安志》也曾有过记载"徐立之旧名炳一应进士，举不中，学老子法易名为立之，隐于西湖之回峰，人谓之回峰先生……回峰今雷峰也"。[18]

北宋"宣和（1119～1125）兵毁"。雷峰塔遭受重创。在"宣政之兵火"以后，塔的命运并非顺畅地被重修，中间曾有过周折，据《庆元修创记》载"独塔颓然榛翳间。建炎末有司欲毁之，度其材以修城，忽巨蟒绕其下而止……乾道七年（1171），有大比邱智友归自方外，草衣木食，一意兴崇，余二十年乃讫功。

[15] 引自俞平伯《俞平伯散文杂论编》，《雷峰塔考》。上海古籍出版社，1990 年。

[16] 详见浙江省文物考古研究所《雷峰塔遗址》，文物出版社 2005.12 版第 10 页。

[17] [明] 田汝成撰《西湖游览志》卷三，《南山胜迹》。

[18] [宋] 潜说友撰《咸淳临安志》卷六十九，《人物》十。《四库全书》。

佛菩萨与种种严饰，胜妙殊绝，得未曾有。先是塔院后即显严院，广慈法师道场亦经扰攘，居无尺椽，独放光观音像存焉。至普照复兴，传之妙铣，甲乙相仍，随起随替，且岁凶无宿储，缁徒散落。至是，众请友公归，方丈以总其事，实庆元元年（1195）也。"[19]

这则南宋重修的史料未记所修具体内容，《华严经跋》称"宫监弘愿之始，以千尺十三层为率，爰以事力未充，姑从七级。"因之认为"塔身由七层减为五层"即南宋重修所为，理由是；不过所存文献对于雷峰塔的层数说法不一，持有五层之说的如《淳祐临安志》[20]载："雷峰，在净慈寺前显严院，有宝塔五层。"另据《净慈寺旧志》载"雷峰在寺，对为南屏，……吴越王妃于此建塔，奉藏佛螺髻发，始以千丈十三层为率，寻以财力未充，始建七级，后复以形家言，止存五级。"[21]还有《西湖游览志》载："始以千尺十三寻为率，寻以财力未充，姑建七级，后复以风水家言止存五级。"[22]

对照这几种不同的说法，如何断定雷峰塔的层数？《咸淳临安志》中的钱俶"记"之全文，是在塔未建成时所写，开始确实打算建七层塔，但从《淳祐临安志》卷八《山川·城西诸山》的材料看，这则材料是在雷峰塔已然经过庆元重修七十年后的情况下所记载的事实，即"显严院有宝塔五层"。其后又有《净慈寺旧志》卷一三《山水·南屏山》也记载了类似的内容。若认为这些文献还不足以说明吴越时期雷峰塔的情况，而据 2000 年的考古发掘，一是塔身未发现南宋砖，二是塔院建筑、散水、铺地等用砖之处的修缮工程，均未发现使用与塔身相同时期的砖，也即吴越时期的砖。如果南宋重修时雷峰塔从七层变为五层，势必会将从塔上拆掉的砖用以供塔院修建使用，依次判断南宋重修未改变原塔的高度。这是对于雷峰塔始建即为五层最有力的证据。

南宋重修工程据《庆元修创记》载"泊宣政兵火，屋宇烬矣，独塔颓然榛翳间"分析，当时寺院的木构建筑被兵火烧毁，雷峰塔外檐廊木构部分难于保全，只有塔身的砖砌体处于杂树荒草之间。从这座塔的建成到南宋庆元历时二百多年，作为江南多雨地区的木结构部分，即使没有兵火，进行重修也是不可避免的，况

---

[19] [南宋] 施谔撰《庆元修创记》，[清] 丁丙辑录《武林掌故丛编》，清光绪钱塘丁氏嘉惠堂本。

[20] "淳祐"为公元 1241－1252 年。《淳佑临安志》卷八《山川》。

[21]《净慈寺旧志》卷十三《山水》，南屏山。

[22]《浙江通志》卷二百二十六寺观一，转引自《西湖游览志》。

且还有兵火创伤。

经过南宋这次的重修，雷峰塔面貌焕然一新，不禁引人歌颂赞美，产生了"烟光山色淡溟蒙，千尺浮图兀倚空。湖上画船归欲尽，孤峰犹带夕阳红"的诗歌，千古传唱。

3. 明末被毁

据《西湖游览志》载："嘉靖时，东倭入寇，疑塔中有伏，焚火烧塔，故其檐皆去，赤立童然"[23]。明嘉靖三十四年（1555），入侵东南沿海的倭寇围困杭州城，怀疑塔内有明军伏兵，纵火焚烧雷峰塔，外围的木构檐廊被烧毁，灾后古塔仅剩砖砌塔身。明崇祯时的一张西湖古画中，雷峰塔已是塔顶残毁，老树婆娑了。诗人们还以"雷峰残塔紫烟中，潦倒斜曛似醉翁"的诗句来描写它。

清雍正年间（1723-1735）成书的《西湖志》曾记有"雷峰夕照"一景："孤塔岿然独存，砖皆赤色，藤萝牵引，苍翠可爱，日光西照，亭台金碧，与山光倒映，如金镜初开，火珠将附。虽赤城枉霞不是过也。"在清代这座残塔一直以其"老衲"形象扮演着西湖十景之一的"雷峰夕照"角色。

4. 古塔倒塌

后来，由于迷信，一些无知的人常常从塔上挖取砖块磨成粉末，用来作为"安胎""宜男"之药，甚至把砖块说成是无病不治的灵丹妙药。另外，西湖周边蚕农所养的蚕频频遭到蛇的侵扰，这时有人借助《白蛇传》的故事，传言说雷峰塔永镇白娘子，表明此塔有趋蛇"辟邪"作用，于是众人纷纷抽取塔砖用以驱除蛇害，塔砖遭到严重盗取。下部的门洞两侧的砖逐渐被抽掉，垂直竖立的砖砌体中部内凹变成了 X 形，塔身受到重创。1924 年此塔北侧的汪庄兴建别墅，由于建筑工程施工打桩的震动，1924 年 9 月 25 日下午 1 时 40 分左右，荒芜颓败的雷峰塔终于轰然倒塌，西湖十景之一的"雷峰夕照"从此消失。

---

[23] [清] 徐逢吉等辑撰《清波小志》，《湖壖杂记》。上海古籍出版社，1999 年。

[图 2-2-11] 雷峰新塔首层启功书"雷峰塔"牌匾

第三章　雷峰新塔建筑设计

第一节　新塔设计总则

一、回归历史环境为选址依据

在开始设计之前，雷峰塔遗址的真实面貌并不清楚，但其所在位置注明为雷峰塔遗址，并列为省级文物保护单位。遗址东侧、北侧的地形均成斜坡状，迅速降低，南侧稍缓，小山丘的西侧经过一段平缓的过度便是夕照山顶。到底新塔建在何处为好？这当然与新塔建设方案密切相关，由于方案出于保护古塔遗址的目的，我们自然选择了在原址上建新塔。另外考虑古塔与夕照山的关系，这个历史环境也是应当保护的内容，再有目前夕照山上植被很好，只有遗址所在位置由于下面有若干砖块，所以没有生长像样的树木。

与此同时我们又从西湖上进一步观察，结果发现古人选址的妙处，高塔所在的位置与夕照山、南屏山的轮廓线嵌和的是那么的天衣无缝（图3-1-1）。当时我们绘出了新塔位置的可能方案，即方案A在夕照山西部，方案B在夕照山顶部，方案C在夕照山与遗址之间，方案D在夕照山南部，方案E在原址，5种可能性，对其加以比较（图3-1-2、3）；从图中可以看到以原址建塔效果最好。这可能就是人们所谓的雷峰塔与保俶塔"两者位于一条子午线上"的原因吧！这正是体现西湖总体文化积淀的重要之处。这也使我们更坚定了选择遗址上建塔的信念。

雷峰新塔用地确定之后，需要处理这座塔与周围环境的关系，当时到达新塔的道路并不顺畅，一条是借用从夕照山南侧登上山顶小亭之路的步行道，另一条是从夕照山南坡西侧绕到北侧东行到达雷峰塔遗址的车行路，这样的环境均不能使来此参观者顺利登塔，因此我们做了从夕照山南侧东端直接爬山登塔的方案，并于登塔道路前方设一广场使游客在登塔之前有停留回旋之处。由于当时雷峰塔景区还有另外一个设计单位，即浙江省设计院进行规划设计，对于景区的大环境

[图 3-1-1] 雷峰新塔未建设前遗址（从西湖北侧南望）

雷峰新塔

彰显文化遗产魅力的里程碑

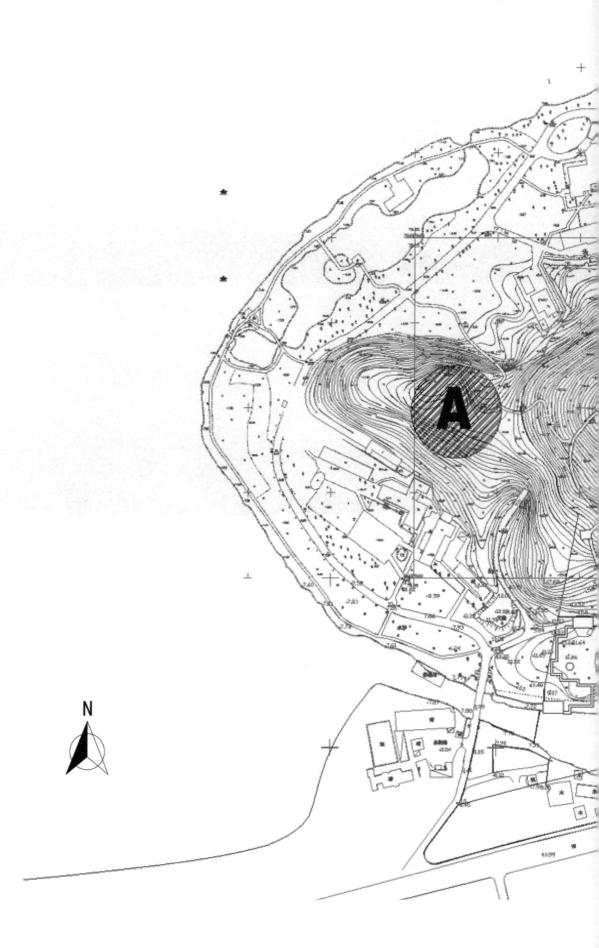

N

A

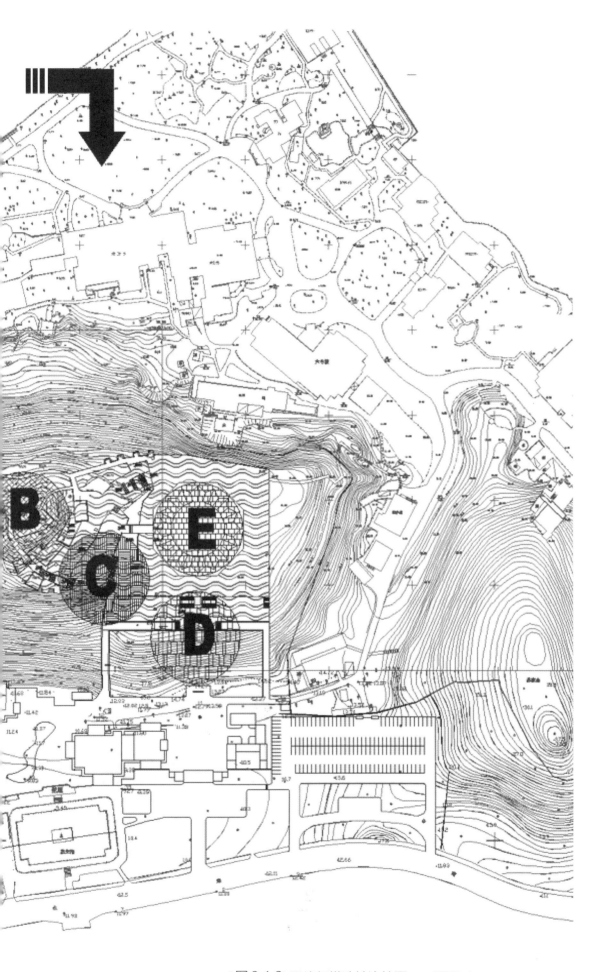

[图 3-1-2] 雷峰新塔选址比较图——平面

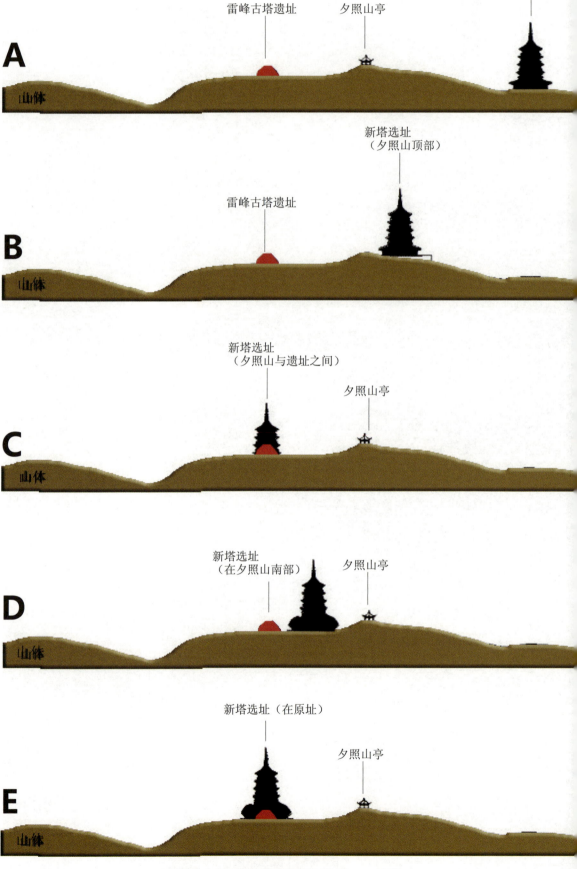

A 山体　雷峰古塔遗址　夕照山亭　新塔选址（夕照山西部

B 山体　雷峰古塔遗址　新塔选址（夕照山顶部）

C 山体　新塔选址（夕照山与遗址之间）　夕照山亭

D 山体　新塔选址（在夕照山南部）　夕照山亭

E 山体　新塔选址（在原址）　夕照山亭

[图 3-1-3] 雷峰新塔选址比较图——轮廓

选址分析：
　　难以感受到遗址，
　　有回旋空间，但需要人工改造地形，
　　同传统的雷峰夕照的景观意象相悖，
　　山体改造工程量较大。

选址分析：
　　完全失去传统意境，
　　破坏了夕照亭的原有环境，
　　需要人工改造山体，不然没有回旋余地，
　　塔缺乏环境的配合。

选址分析：
　　与夕照山关系略显疏远，
　　遗址在新塔之外，且遮挡了新塔。
　　距南山路较近，稍有压迫感，
　　需要人工改造地形，且工程量较大。

选址分析：
　　离夕照山过近，损害了夕照山的景观
　　与遗址比肩而立，缺乏明晰的空间关系，
　　用地比较局促，需要人工改造地形，
　　夕照山、遗址、新塔三者过于拥挤。

选址分析：
　　继承传统空间关系，能够恢复传统意境。
　　利用原有平台，回旋余地较大。
　　施工难度较大。
　　为保护遗址需特殊的结构。

处理，如游览路线设置、停车场位置、景区主入口位置等，均由这家设计院解决，在此毋庸赘述。不过我们要求从夕照山东侧登塔的方案得到认可，并按此实施。

二、文化遗产保护手段与当代使用功能融为一体

雷峰新塔的造型，根据中国古塔发展的历史和宋画《西湖图》，以及雷峰塔老照片等，得知古代的雷峰塔肯定是楼阁式塔，但这次的新塔方案不是简单的古塔"克隆"，也并非老照片中的"老衲"式样，因为那并不是雷峰塔的原貌，而是数百年岁月风霜和战火侵袭共同作用的结果。即使"克隆"出了"老衲"式的雷峰塔，它也不具备记录历史的作用和价值；其次，把一座塔建成被焚烧后的残破状，刻意模仿照片，要再现其神韵就更难；再者，"老衲"式方案选址多在遗址旁边，而不可能建在遗址上。使用什么材料去做也是问题，如果仍然建成残破状砖塔，登塔观景的空间受到影响。如果是混凝土结构的，就连施工混凝土时浇筑振捣所产生的震动，都会对遗址的保护带来威胁。若偏离原址重建新塔，仍须建另一个保护罩来保护遗址，这个保护罩与新塔比肩而立，不仅使原本就不大的夕照山的部分植被及原始环境被破坏，而且这样的景观对于西湖来说到底谁是"雷峰夕照"的代表性景观？是一座塔？还是一个保护罩？说不清楚。因此，无论从施工的可能性还是从选址的问题上看，"老衲"式的方案都是不合理的。

我们所提出的楼阁式塔的方案，首先在于保护文物的先进设计理念，其选址注意保护西湖整体的文化环境与自然环境，新塔是古塔的延续，因此选址必须遵循原先的历史特点。第一轮的方案曾经从"古塔新生"的理念考虑，将保护罩下部做成一朵盛开的大莲花，从莲花中部长出一座楼阁式塔（图3-1-4）。这个方案提出时，由于遗址部分未彻底揭露，保护构筑物的尺寸难以具体确定，做成莲花虽然可以避免不知遗址大小的矛盾，但这样的处理并不是中国传统塔体的构成逻

辑，受到一些学者的质疑。因此在第二轮方案中改用传统古塔下部设有副阶和台基的形式。利用台基内部的空间作为保护古塔遗址的空间，将遗址的"保护罩"与新塔建设融为一体，这个保护罩不是一个仅仅罩住遗址部分，而是从遗址可以借助保护罩登上一座高塔，尽管并不是当年古塔本身的上部，但它使倒塌缺失的塔体带给人们的遗憾顿时消失，可以重新登塔观看西湖美景了。

整座塔既然是以保护罩的身份存在，必须采用现代钢结构技术，做成无柱子的大空间，才能完成罩住遗址的使命。同时使用保护罩这种文物保护手段与文物本体的差异，自然不会以假乱真，认为它是原来的古塔文物，其所具有可识别性是不言而喻的。就施工技术而言，使用钢结构来作为遗址保护罩具有无可替代的优势，由于结构构件大多在工厂加工制作，减少了施工对于古塔遗址的干扰，利于保护古塔脆弱的遗址本体。

以这样的手段来建设雷峰新塔，重现"雷峰夕照"景观，不仅是外观方面用现代技术建造的新塔，满足了弥补景观缺失的要求；在使用中也要利用现代技术体现出当代特点，应当快捷的将旅游者送到目的地，于是在塔内塔外均设置了电梯，游客可以迅速登顶，满足了讲究现代化时效的旅游需求，更可体现出时代精神。这一切得到了方案评选专家的认可，并指出这个方案在文物保护与旅游相结合方面具有前瞻性、科学性。清华大学设计研究院的楼阁式塔方案最后被选定（图3-1-5）。

三、保护古塔遗迹的完整性

雷峰新塔在遗址上重建，如何保护遗址？遗址到底有多大？我们依据古塔照片和现场残存的砖块推测出了古塔的塔身尺寸，以此为基准绘出了古塔的平、立、剖面的推测图。同时考虑到要把遗址全部包入，在遗址周围必须安排观赏遗址的空间，在首层之下做了一个大方台基，从立面上看是一座完整的楼阁式塔坐落在

[图 3-1-4] 雷峰塔第一轮方案效果图（莲花式）

[图 3-1-5] 雷峰塔第二轮方案效果图（选中）

一个台基上。从剖面上看，可知新塔下部保存着古塔的遗存，遗存四周还有较大的供人们参观遗址的空间。尽管这样的方案是经过调研、收集资料所做的复原研究，但是并不能停留在复原阶段，还需要根据雷峰塔遗址和夕照山的实际情况，结合实际做进一步的落实。需要说明的一点是，必须承认我们依据当时所能找到的资料，对历史的了解还是不完全的，很多信息丢失了，对有些现象没有人能解释，还有疑问，实现保护遗址的设想方案，还必须以考古发掘出的遗址为准，这个台基的基本尺寸，随着考古发掘的深入展开需要做调整。

2000年6月基本完成了第一阶段的考古发掘，古塔台基边长17m，对径43m。台基最高处1.5m，在台基之上的塔身残留砖砌体的高度为3～5m。塔心室本身的数据、外套筒边长、壁厚等数据并未及时通知身处北京的设计单位清华大学建筑设计研究院，而设计单位仍然按照原来推测的数据进行结构设计。新塔结构做法是在塔身部分采用8根斜柱直通五层，下部在副阶处（即首层）做一转折后一直要落到基础，这算是新塔的主体结构。新塔的大台基设在主体结构周围，犹如现代高层建筑的裙房一般。支撑新塔大柱子的基础按照最先推测的位置，已经处于雷峰古塔副阶柱的柱脚之外，古塔副阶柱础周边到底还有多宽？是否残存有文物构件不得而知。

经考古发掘后，在古塔副阶柱础之外，还保留有南面和东南面断断续续残留的台基遗迹（图3-1-6、7），这些遗迹则处在原设计的八根斜柱之外。为了保护古塔所有残留遗迹，斜柱必须跨过遗址所有的遗迹，斜柱下部一段的倾斜度就要增加，而这倾斜度受限于新塔副阶台基的位置，斜柱下部柱脚需要落到遗址之外，预计的新塔基础之上。如果将柱脚设在残留遗迹之外，必须加大柱脚倾斜度，同时考虑斜柱受力状况，需要增加辅助结构柱，加强裙房结构的受力能力。结构造价将会增加，工期也会有一定影响。经过反复研究、讨论、测算受力状况，最终确定了斜柱柱脚的八边形对径数值扩大为48m，斜柱与地面的夹角成58°，这几乎达到了受力的极限。

当时一度有人提出：这样大的跨度，上面还要承托一座大塔，难度很大，是

[图 3-1-6] 雷峰古塔残留台基

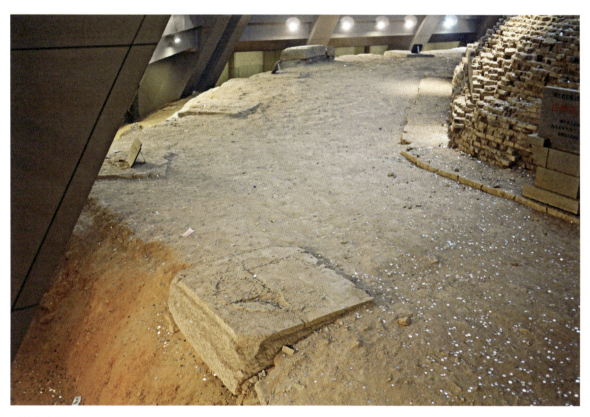

[图 3-1-7] 雷峰古塔副阶柱础遗址

否可以露天保护遗址？对此，清华设计院曾经提出了各种可能的方案，多达十个，提供讨论。专家最终统一了认识，这个遗址不比古希腊、古罗马的遗址，都是石构建筑，残留的石材擅长抵御风霜雨雪。雷峰塔是砖砌体，而且以黄泥加稻草作为粘接材料，经有关专家到遗址现场察看，认为没有可能进行露天保护。对这样的遗址进行露天保护，多数专家认为无论国内还是国际上还没有有关这方面保护的成功先例。对于半覆盖保护，多数专家认为可以部分解决日晒雨淋的问题，但对于冬季防冻和防雾没有效果，其局限性在于对剧烈的温度变化没有更为有效的抵挡措施。最后选择了全覆盖的保护罩，多数专家认为这是目前唯一可行的方案，也是相对简单而有效的方法。目前采用的室内保护的做法，遗址所处的环境比在露天要变化小，避免了曝晒和雨水，同时对环境温度也可以有效控制。从效果分析，采用室内保护方案的另一优越性在于，有利于遗址考古发掘工作的继续，这样的处理方案保留了对遗址进一步研究、发掘的可能性。

同时，遗址保护的内容也不仅只针对古塔遗址所在地这个小的范围，其周围历史环境的保护也是很重要的，如何处理古塔遗址同新塔的空间关系，涉及到保护夕照山的环境问题，因为夕照山同雷峰塔是一个整体，两者共同构成了"雷峰夕照"，这些问题都是联系在一起的。建设方认为清华的方案将新塔架空建在遗址上，对保护遗址环境也非常有利。并认为是三全其美，一是节省了用地，最大限度地保持了夕照山的环境；二是新塔就是遗址的保护建筑，这比采用任何别的形式的保护棚都更加贴切、美观；三是保留了遗址的神秘性，突出了遗址在整个景区中的核心地位。

况且，这样的做法不仅能满足弥补西湖景观缺失的设计目标，更解决了满足广大杭州市民的情感需求问题。最后建设方消除了种种疑虑，下决心实施中标方案，建起这个保护建筑文物遗址所需的新塔。

把保护罩做成雷峰新塔，遗址保护部分为新塔的塔基加上塔体周围露台的台基，其总高度与遗址残高关系密切。遗址所揭示的倒塌墙体各面高度不同，倾斜墙体的方向不同，这正反映了古塔倒塌瞬间的诸多历史信息。或许有可能透过遗

[图 3-1-8] 雷峰古塔遗址

址，发现使其倒塌的力量来自何方，以及能够觉察出倒塌之前，塔的砖砌体被掏空的位置和薄弱环节，对于深入认知古代砖砌体的受力状况是有价值的，因此决定原样保留倒塌残迹中的所有墙体（图3-1-8）。这样便把残迹高度所在位置的标高，加上结构大梁高度与古塔塔基厚度的尺寸，作为新塔±0.00m层的标高。从此处到达古塔遗址的室外地平的尺寸，便是新塔塔基的总高度。这个部分在设计中分成三部分处理；第一部分随着新塔塔身周围的副阶，做成八边形的矮台基，这里大体按照古塔台基遗迹上半部分的尺寸来确定，其高出周围地面为36cm，新塔这层台基四周用石材包砌，表面素平，未加雕饰。宽度仅仅到达副阶飞檐橡中部，即清代建筑所谓"下檐出"的分位。另一部分为八边形高台基，从矮台基的八面向外伸出，相当于遗址展示厅二层顶部的屋顶平台，这里的结构顶板标高为-0.80m。这个部分从立面看，八面当中有东北、西北、东南、西南四面设有登上屋顶平台的台阶，其余部位仅仅开有壶门式假窗，台基顶部设有汉白玉石栏杆（图3-1-9）。这层台基的地面，建筑标高为-6.5m，塔基立面的台基部分处理到此结束。但遗址的位置更低，因此在其下面还有一层，外形为长方形大台基，立面以重块石墙装饰，这个部分的室内为遗址地平，标高为-9.77m。在台基的正南、正东、西北三面开门，可以由此进入遗址保护空间的底层。

新塔塔基以内的室内，为一个带有跑马廊式的室内空间（图3-1-10、11、12），中部为古塔遗址所在位置，其中包括发掘出的塔体地宫、登塔的梯段、塔身残墙、副阶柱础、古塔塔基东、南两侧的雕饰等。为了更好地展示遗址，不仅在下部可以环绕遗址设置参观空间，而且设夹层跑马廊，可供人们从-5.6m的高度环绕一周，再次可以看到遗址上半部分的古塔残墙，同时还可以看到古塔副阶平面轮廓、铺地、地宫开口等（图3-1-3-13、14、15）。

在遗址发掘过程中，曾经发现在塔的砖砌体局部表面出现白色结晶，经过化验得知为碳酸钠，是由于地下水的作用，使砖块中残留的钠所生成的析出物质，要保护遗址需对此设法消除；关键是隔开渗透到遗址的水源，后来新塔基础的地基梁施工前，对遗址所在范围下部，四周用铆杆土钉墙包裹，切断了地下渗透到

[图 3-1-9] 雷峰新塔大台基

[图 3-1-10] 雷峰新塔大台基室内环绕遗址的跑马廊

[图 3-1-11] 雷峰新塔大台基室内环绕遗址的跑马廊

[图 3-1-12] 雷峰古塔遗址外墙砖砌体及散水遗迹

遗址的水源，白色结晶便消失了。

为了防止对遗址的人为干扰，在遗址展示厅底层周围设有透明的玻璃围栏。

[图 3-1-13] 雷峰古塔遗址铺地

[图 3-1-14] 雷峰古塔地宫远望

[图 3-1-15] 雷峰古塔首层登塔台阶遗迹

[图 3-2-1] 苏州虎丘塔

第二节 楼阁式塔形象的确定

一、雷峰古塔与传统楼阁式塔的特点

从现存南宋画家李嵩的《西湖图》可知其为一座五层楼阁式的塔，另外从老照片中可以看出砖塔身，高度为五层。雷峰新塔采用仿宋的楼阁式塔的形象，沿袭了雷峰塔被烧毁前的平面八边形楼阁式型制，外观是一座八面、五层的楼阁式塔，建于高大的台基之上。

设计之初首先对于当年雷峰古塔的结构类型与时代特点进行了分析，与雷峰塔同时期采用同样结构技术的实例尚有杭州六和塔、苏州虎丘塔（图 3-2-1）存世。不过这两座塔的木构部分都已非原物，六和塔为清末重修后的样子，原塔形象已经有很大改变。类似的例子还有苏州报恩寺塔，外檐为明代重修，仍可看出宋代楼阁式塔的大体摸样，但屋檐的翘角则较晚。现代重修的苏州瑞光塔更接近这个时期的风格（图 3-2-2）。

考察中国古塔的历史，最早为古代的木楼阁与印度的窣堵波相结合，构成了楼阁式塔，下部为楼阁，上部以窣堵波作为塔刹。这种塔每层都有室内空间，成为供佛的场所，登塔者可在此礼佛。木楼阁的室外有平坐挑出的回廊，使信众在这里可以"上接云天"，产生与天神交流之感，所以在古塔发展过程中带外廊者成为重要的类型之一。然而木构建筑难以抵抗雷击所引发的火灾，幸免于火者寥寥无几，目前仅有中国最早的木构高塔——建于辽清宁二年（1056）的山西应州佛宫寺木塔留存于世。为了抵抗火灾的危害，造塔者改用砖石为材料，建造楼阁式塔，其形式完全仿木构，现存最著名的是建于南宋绍定元年至嘉熙二年（1228～1238）的泉州开元寺双石塔[1]，用石材挑出较大的平坐和出檐，用以满足登塔者可以到达塔身之外环视四周的愿望（图 3-2-3）。

纯粹用砖砌造的塔，利用砖叠涩的做法层层向外伸出，形成出檐或平坐，但

---

[1] 泉州开元寺西塔（仁寿塔）通高 44.06 m，东塔（镇国塔）通高 48.24m，东塔比西塔晚十年建成。

[图 3-2-2] 苏州瑞光塔

当时这种做法能够伸出的距离有限，难以让人们在平坐上活动，因此古代匠师选择了利用木构件来完成悬挑功能，将木梁埋入砖砌体中，作为支撑出檐和平坐的主要结构，同时用斗栱协助木梁工作。因而产生了一种新的古塔结构类型，这种类型的塔最早的要算是吴越王钱俶所造的一批塔，即北宋建隆二年（961）建的苏州虎丘塔、北宋开宝三年（970）建的杭州六和塔、北宋太平兴国二年（977）建的杭州雷峰塔。塔的平面是正中央为塔心室，周围设回廊一周，两者间有厚厚的砖墙相隔，利用回廊的外墙嵌入平坐和屋檐的挑梁，塔心室和回廊皆采用木楼板。登塔的楼梯设在回廊之中，采用单跑木楼梯，如果楼梯梯段较宽，充满整个回廊，在回廊中活动时由于楼梯的阻隔，不能环绕一周，只能继续前行登塔，或回到塔心室，然后到平坐环绕塔的外壁一周，再回到原来楼梯位置继续登塔，实例如杭州六和塔；但目前所见为清代改建时将平坐变成了室内空间。如果楼梯的梯段窄，可利用塔的内、外壁之间的回廊自由穿行，实例如苏州的虎丘塔。

这几座塔的结构体系，用今天的结构专业词汇来形容，可归属为筒体结构一类，其中有单层筒和双套筒之分，塔壁充当重要的承重结构，因此厚度空前，可达 3~4m。筒体结构具有良好的受力性能，特别是承受水平荷载方面更具优势。因此中国存留至今的古塔采用筒体结构者寿命较长。采用砖套筒结构的砖塔，最早的为河南登封嵩岳寺塔，建于北魏正光元年（520），高 40 余米，但其仅为单层筒体，当年楼层之间设有木楼板，两层楼板之间架设木楼梯。由于未设室外回廊，登塔者无法到达塔身以外。这种做法一直延续到唐代，现存的西安大雁塔、小雁塔皆如此。后来出现了双套筒结构的塔体，如北宋至和二年（1055）所建的河北定州开元寺料敌塔，塔的高度达 84m，为现存最高的古代砖塔，其内部设有塔心室和回廊，塔梯设于塔的中心，以东西向和南北向交错布置。但这座塔也未设外檐廊，登塔者只能在塔体之内活动。带有外檐廊的古塔对于使用功能的满足，大大胜过前者，吴越境内的几座塔，解决了设置室外回廊的问题，开启了造塔技术新的一页。

古代的楼阁式塔，塔身的每一层可以看成为一个"单元"，其是由平坐层、

[图 3-2-3] 泉州开元寺双石塔之一，镇国塔（罗哲文《中国古塔》）

柱框层、腰檐等部分构成，平坐和腰檐之下均有斗栱支撑的挑梁，但这些单元仅仅是构造意义的组合，尺寸并不相同。因为需要层层缩小，以构成塔身收分的外形。

二、雷峰新塔如何实现楼阁式塔的体型轮廓

在新塔方案设计之初，我们首先从老照片中找到了重要信息，即砖塔身的各层平坐、腰檐遗迹，在老照片上残留有一层层的若干孔洞。这即是塔身各层屋檐与平坐的挑梁所在位置，依次可以进一步确定平坐、腰檐的斗栱位置，从而准确绘出了塔身各层的"单元"（图3-2-4）。但在方案设计开始之时，当时尚未进行考古发掘，老照片的下层很矮，比例不符合宋代建筑特点，我们依据《营造法式》所诠释的宋代建筑造型，复原出了副阶应有的高度；后来从考古发掘得知，老照片所显示的状况确实不是古塔的原始地平，由于从明末被毁到老照片的拍摄已经过了200多年，原始地平之上已经堆积了9～11m厚的杂土，所以老照片中副阶处显得矮了，塔基也不见了。考古发掘所得到的数据为我们当时推测绘出的立面方案找到了依据，说明我们所推算出的塔高基本符合历史原状。

由于新塔不是一般的仿古建筑，而是文物遗迹的保护罩，它需要包容的是雷峰古塔遗迹，从考古发掘中得知遗迹的状况和体量，为新塔设计提供了有价值的信息。

新塔作为古塔遗址的保护罩，应具有可逆性和可识别性，最为适宜的是钢结构，它既具有可识别性，能够一眼看出不是传统的，是现代的。同时，钢结构的节点可以用卯接的方式完成，如果需要更新的话，则可毫不费力地拆下来，不会影响遗址安全，这正好满足文物保护要求采用的手段具有"可逆性"的原则。然而这个钢结构的塔体不能像古代楼阁式塔那样，出现平坐层结构、柱框层结构、腰檐结构等，然后一层层叠落起来，它需要具有现代结构的整体性，其中的柱、

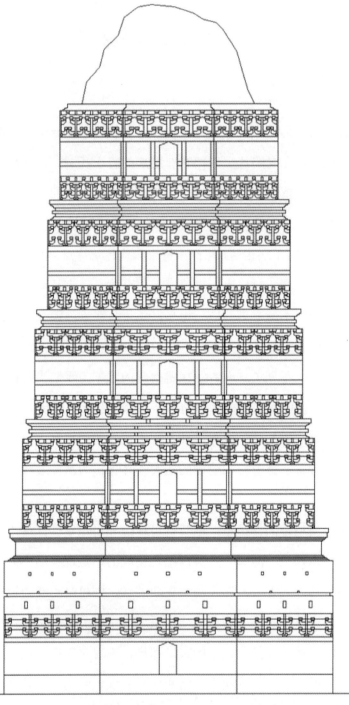

[图 3-2-4] 雷峰塔依据老照片所绘立面分析图（方晓风）

0　　　5　　　10　　　15　　　20m

梁逻辑关系也不是分层安置的。中国的古塔随着层层叠落上下收分，与现代结构是完全不同的，新塔塔体的钢柱为了满足塔体这种收分的需要，做成了通达 5 层的 8 棵斜柱，到了副阶之处，由于副阶是塔身一层处的环廊，利用副阶柱比塔身柱向外跨出的一段距离，使斜钢柱在此改变斜度，进一步向外倾斜，最后落到位于遗址周围的新塔基础上。在八根大柱子相当于副阶地面的位置，柱间搭上大梁，以解决下部遗址区所需大型无柱空间的问题。大梁的顶部搭楼板，此处的楼板上表面即 ±0.00m 层所在位置。新塔的上部几层以 8 棵斜柱为基准，于各层平坐所在的位置，再逐层设大梁以支撑楼板，同时这每一层的梁还要从柱子向外挑出次梁，支撑平坐的楼板。各层屋檐也都利用从柱子伸出的挑梁来支撑（图 3-2-5、6、7、8、9、10）。

三、新塔外立面造型设计

为了保证新塔具有雷峰古塔当年的立面造型的元素，选用何种外饰面材料？又遇到了新问题，由于跨在遗址上的大梁，不但要满足遗址需要的大空间，而且还要满足现代建筑抗震的要求，负荷格外沉重。因此上部的门窗、墙体等装修必须选择轻型材料，屋面荷载也需要减轻，当时考虑可能使用的有钢板、铜板、铝板，然而都不是现成的。铝板颜色难以掌握，现代建筑中使用铝板作外装修，大都是灰色的，与中国传统建筑所需的颜色差别很大。使用钢板作建筑饰面的例子不多见，而且重量大、易腐蚀、漆皮容易脱落，难以维护。这时建设方有人去考察民国年间使用铁瓦的建筑实例，说明铁瓦的寿命不长。

为了寻求轻质材料，笔者曾经与建设方负责人进行过沟通；并指出历史上确实有过"铁瓦殿"，如峨眉山上的建筑，但早已毁坏。而在五台山、武当山等处明代的铜殿却完好；再看看我们身边的许多建筑使用的铜门，经过几十年也都很好，因此认为使用铜制材料是一种可行的办法，但造价较高，能否采用还需要建设方来决策。

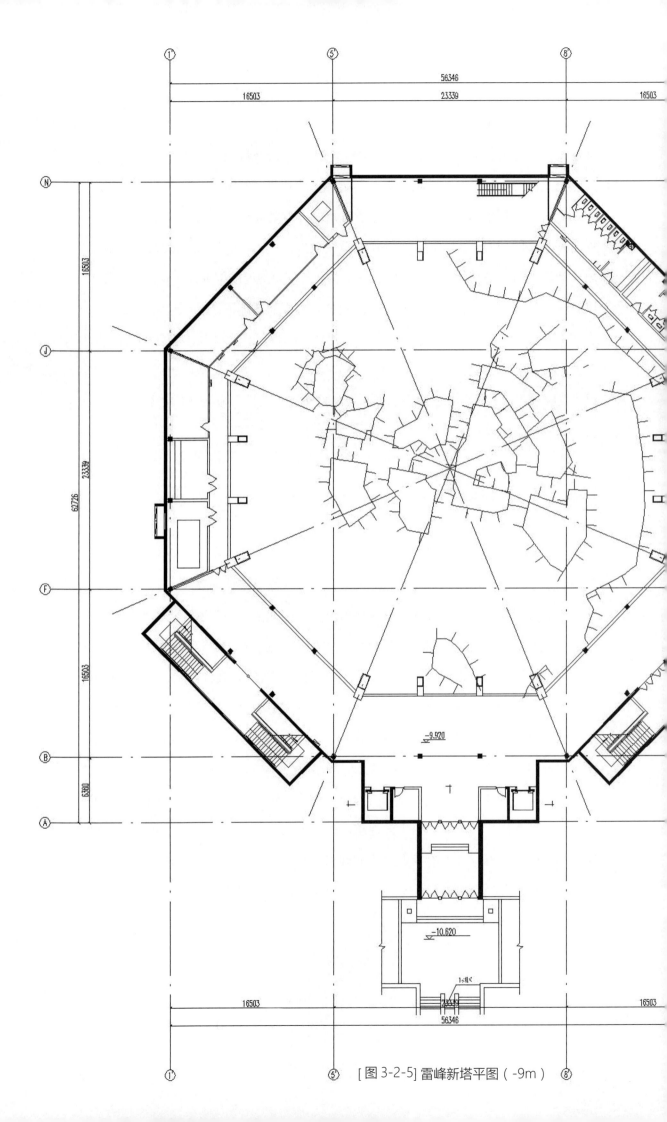

[图 3-2-5] 雷峰新塔平图（-9m）

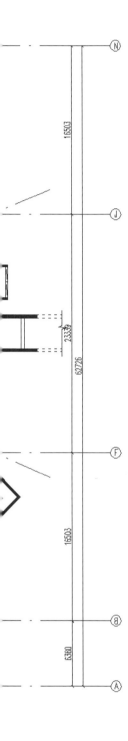

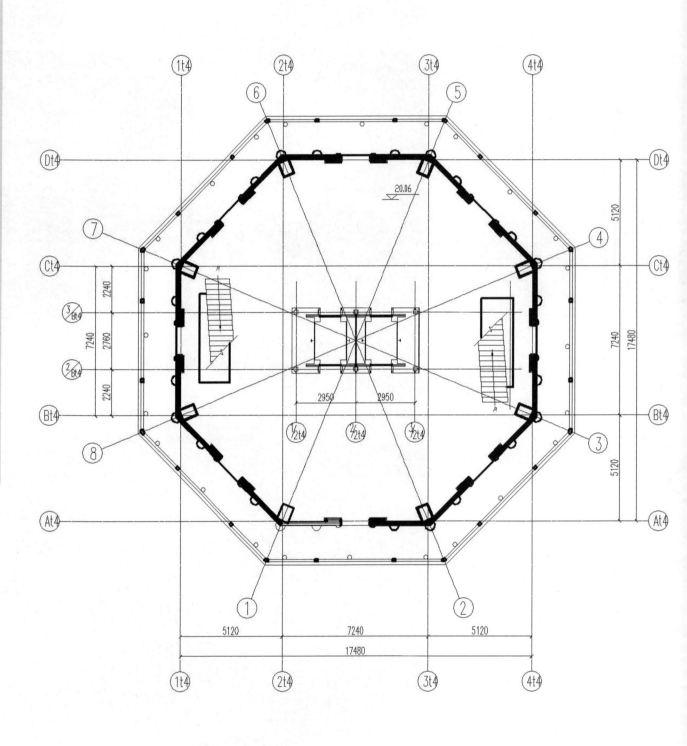

[图 3-2-6 雷峰新塔平面（标准层）

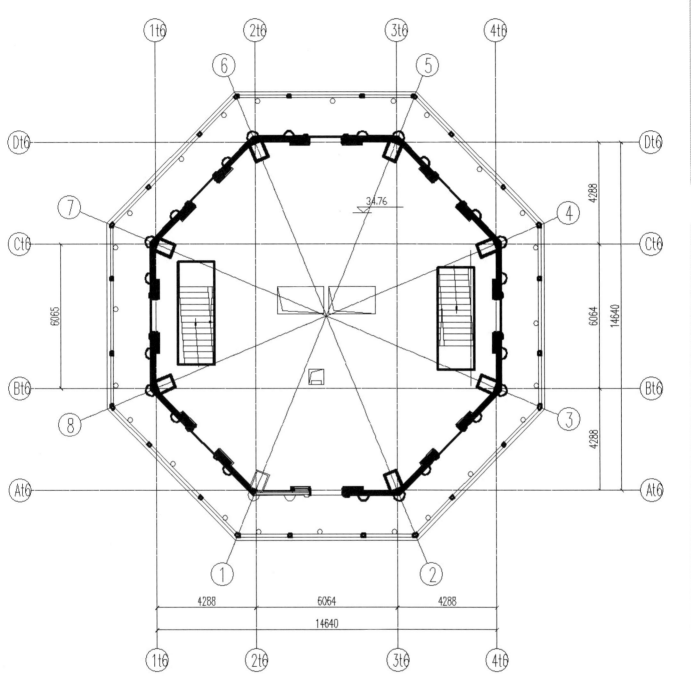

[图 3-2-7] 雷峰新塔平面（顶层）

雷峰新塔

彰显文化遗产魅力的里程碑

[图 3-2-8] 雷峰新塔立面

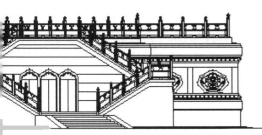

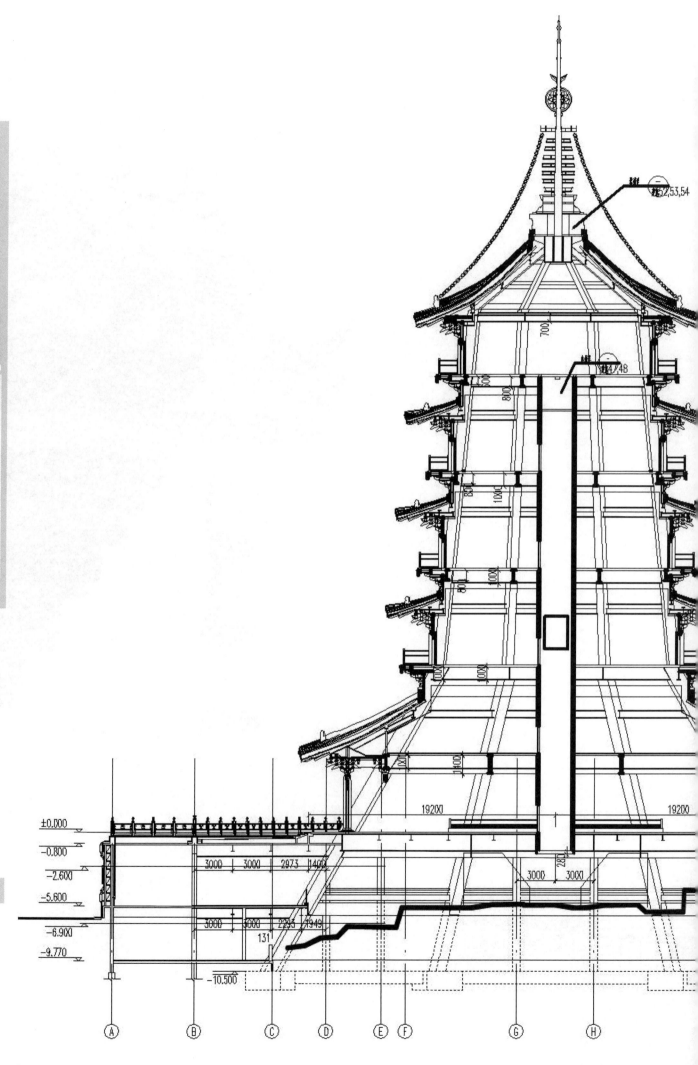

±0.000
−0.800
−2.600
−5.600
−6.900
−9.770
−10.500

3000 3000 2973 1400
3000 3000 2203 1949
131

19200   19200

280

3000 3000

700
800
800 1000
800 1000
1000
1100
1100

Ⓐ Ⓑ Ⓒ Ⓓ Ⓔ Ⓕ Ⓖ Ⓗ

雷峰新塔总高七十二点六六米 其中台基高九点二八米

雷峰新塔总建筑面积六千零八十九平米

塔身建筑面积两千九百五十六平米

塔身高四十五点八米

塔刹高十六点一米

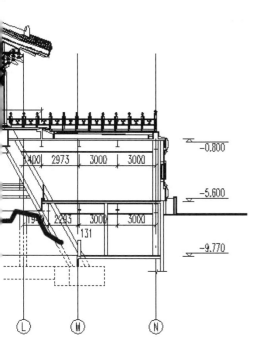

[图 3-2-9] 雷峰新塔剖面图 a

39.260 ▽

33.210 ▽

25.860 ▽

18.510 ▽

11.160 ▽

4.870 ▽

±0.000 ▽

−0.800

−5.600

−9.770

−10.500

新塔副阶周长为一百二十七点二五米

新塔副阶对径为三十八点四米

新塔塔基对径为五十七点八二米

新塔台基占地面积三千一百三十三平米

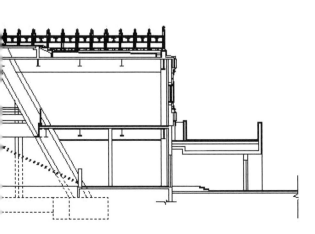

[图 3-2-10] 雷峰新塔剖面图 b

建设方对使用铜材的利弊做了进一步的考察，找到从事铜装修的厂家进行研究，杭州金星铜工程公司总经理朱炳仁提出：铜材料的熔点高，可达 1083℃，线膨胀系数低，仅为 $17×10-6℃$。不易被大气中的不良化学成分腐蚀，如果选用铜瓦，材质可用青铜板。青铜板（牌号为 :QSn6.5-0.1）年腐蚀量为 $0.25μm$，不到紫铜（黄铜，牌号为 :H62）年腐蚀量三分之一。这样室外铜构件寿命可达 1265 年 ×3 ＝ 3795 年。选用青铜板，制作成本略有增加（约为 8％左右），但在防腐蚀性上能取得数倍之功效。[2] 对于铜与钢构件的栓接会产生的双金属腐蚀的问题，即由不同电极电位的双金属组成腐蚀电流而引起的，尤其在海洋性气候的环境下，大气中氯化物构成导电良好的电解液，使铜与钢的接触部分产生腐蚀。在构造设计中需注意，不能让水或电解质在钢和铜的接触区积留，将铜瓦的预埋件改为不锈钢制作，对于钢骨架内衬涂塑，使其与铜构件隔离[3]。经过与有关专家多次讨论，建设方最终决策采用铜板做外装修材料。

在粗大的钢结构柱、梁基础上，来完成对于每层仿木构的外柱、阑额、斗栱等构件的装修，为此设计方绘出构件详图，提供给根本不了解宋代建筑构件特点的装修厂家，进行构件加工。这些原本为木材制作的建筑构件，变成了使用铜板来装饰的构件，为了满足构件造型需要，在铜板内部另外设置构造柱、构造梁，成为仿木构的柱、梁、阑额、斗栱的骨架，最后用铜板包于构件内衬骨架的表面。金星铜工程公司的专家经过研究，在这些铜板包裹的构件内部，采用在钢表面涂塑的办法，以解决双金属腐蚀问题。

雷峰新塔外立面所有的悬挑的构件均需在内部与主体梁架拉结在一起，才能达到室内外受力的平衡。然而室内由于楼梯的设置，八个面的结构布置并不相同，能够拉结挑梁的主体梁架位置在东西两侧的楼梯处有了变化，这样室外檐下和平坐的斗栱布局，也需随之作出相应的调整，设计方案即对东、西两个面斗栱的间距进行了微调，使之能与其他六个面相匹配（图3-2-11）。

斗栱在外立面的构件中占有举足轻重的地位，有了斗栱才能匹配出其他构件的广窄，斗栱设计的核心问题是确定斗栱尺寸的大小，使其尺度与整体尺度相适

---

[2] 朱炳仁《对雷峰塔使用铜构件的可行性研究和探索》一文引自《雕塑》1996 年第 2 期《金属雕塑的保护与防腐》。《古建园林技术》2003 年第 2 期第 9 页。

[3] 朱炳仁《对雷峰塔使用铜构件的可行性研究和探索》，《古建园林技术》2003 年第 2 期第 9 页。

【图3-2-11】雷峰新塔立面近景

应。按照宋《营造法式》中的大木作制度中提出的"凡购屋之制，皆以材为祖，材有八等，度屋之大小，因而用之。……屋宇之高深，名物之短长，皆以所用之材以为制度焉"。对于新塔上的斗栱大小，首先需要选择"用材等第"，依据考古发掘中的关键构件 —— 副阶石柱础，来寻找原有建筑的用材等第；古塔遗存的24个石柱础大小并不完全相同，平面尺寸在 1.2～1.55m 之间，按照宋代建筑的技术做法，一般建筑中柱础与柱径的关系是依据《营造法式》所记柱础尺寸来推测，据"方倍柱之径"的规律，以此可推知副阶柱径应在 60～75cm，考虑雷峰塔的等第不可能为宋代当时所认同的最高规格的建筑，故柱径取 60cm 的作为标准较为妥当。柱径与建筑用材的关系参照《营造法式》的柱径比例，取"两材一栔"的材分值即为 36 分°，从而算出每 10 分° ＝ 17cm（5.2 营造寸），接近三等材，按宋《营造法式》中所谓的三等材取值，故可确定为雷峰塔仿木构部分构件用材大小。雷峰塔的外檐为南宋重修，选择这样的用材等第与当时南宋建筑的风格是一致的。

柱子造型采用唐、五代、宋代建筑中普遍使用的梭柱做法，以上部的 1/3 做卷杀，将外包铜柱按卷杀后的轮廓打造成型，铜柱上施有花纹，具有一定的装饰效果（图 3-2-12）。

斗栱的形制方面，从浙江现存同时代古塔的遗物，可以觉察其形制与宋《营造法式》中所归纳的做法相同，本次设计按南宋建筑应有的形制确定，檐下采用六铺作单杪双下昂计心造，平坐斗栱采用五铺作卷头造出双杪并计心。为了让施工单位掌握宋式梁柱和斗栱造型特点，特别是斗和栱的卷杀做法，绘制了每攒斗栱中每个构件的分件图。施工时严格按照每个斗、栱应有的卷杀做法完成，无论大斗、小斗，不但耳、平、欹比例准确，且下"　"一丝不苟，各种栱的不同卷瓣也各按规矩匹配。（图 3-2-13、14）

在外装修中，副阶层是游客从遗址展厅出来，进入新塔首先到达的场所，因此这里的设计应保留参观遗址后，如何感受新塔与古塔的延续性，故将副阶处的楼板做成玻璃地板（图 3-2-15），用以拉近新塔和古塔的传承关系，同时还可在

99

[图 3-2-12] 雷峰新塔副阶梭柱

[图 3-2-13] 雷峰新塔外檐斗栱

这里的斗栱名为"六铺作单杪双下昂计心造"，"铺作"是指斗栱从下向上叠搭的层数，一朵斗栱起码有四重构件组成，即大栌斗、出跳的栱（或昂）、耍头、衬方头。其中有3重是每一朵斗栱必有的，只有出跳的栱、昂是可以随着建筑的大小有不同的选择。《营造法式》称"出一跳谓之四铺作……"，此处的出跳构件一栱两昂共3件，故称之为六铺作。计心造的意思是指出跳栱、昂的端部承托着横向的栱、枋，有这样的长枋将一朵朵斗栱连成整体。

[图 3-2-14] 雷峰新塔转角斗栱

[图 3-2-15] 雷峰新塔副阶玻璃地板

此观赏遗址，提醒人们在登塔赏景的同时，可与古代遗存进行时空对话，增强文物保护意识。

四、塔刹设计

雷峰塔的老照片塔顶部分已经残破，看不到塔刹，但从李嵩所绘《西湖图》中可以看出，雷峰塔上采用的可能是铁质塔刹。当时一些砖石塔有采用砖石打磨而成的砖刹或石刹，例如：苏州虎丘塔，杭州灵隐寺双石塔。在中国古塔中除了这种做法之外，采用铸铁制作塔刹者也不在少数，如应县佛宫寺木塔；宋代砖塔中使用铸铁塔刹者有苏州罗汉院双塔等，这些金属塔刹比砖塔刹造型更为生动、活泼。

雷峰新塔塔刹，是重点装饰部位，有着画龙点睛的作用，故决定采用金属塔刹。其造形设计参考同时期的砖、石、金属塔刹，下部设有两层八角形基座，上部设有大小不同的七道相轮，外轮廓成橄榄形，中央置刹杆，顶部置宝珠。这些零件全部用钢材完成，中央的刹杆用钢管，其余的部分用钢板焊接而成，刹杆下部一直插到塔顶以下 2m 为止，以保证其安全。塔刹表面在钢板上贴金箔，金光灿烂，异常靓丽（图3-2-16）。在塔刹下部留有人孔，以满足相轮的维修保养需求。

关于塔刹材料的选择，曾经有一位某大学的教师，建议用"仿金铜"来制作相轮和刹杆，效果与"金"的一样，具有永久性，造价也不贵。但真正试做后发现这种直径很大、壁较薄的相轮，依托浇筑的技术，用手工翻砂去做，表面凹凸不平，根本没有"金"的光泽，而且构件截面极不均匀，内部孔洞繁多，承受荷载的能力极差，如果安装上去受到风荷载的作用将会产生断裂的危险。当时我们还对这样的材料取样进行抗氧化实验，结果全部变成黑色，这样的做法最终被否定。

[图 3-2-16] 塔刹

105

五、室外装修

1. 屋面

屋面部分的结构为现浇钢筋混凝土板，表面经防水处理后，在板上安装瓦件，对于水泥砂浆粘接铜瓦能否造成对铜瓦的腐蚀问题，经铜瓦施工单位查阅化学工业出版社出版的《化工设计手册》，在其中有关腐蚀数据及选材的章节中查到，铜材在硫与铵元素侵袭下会被腐蚀，其他元素则无腐蚀性。水泥砂浆主要成分 $CaCO_3$（碳酸钙）$Ca(OH)_2$（氢氧化钙），所以水泥砂浆对铜构件无腐蚀作用。为了减轻屋面荷载，采用 1：10 配比的水泥与珍珠岩混合砂浆粘接瓦件[4]。

在围脊、戗脊和戗兽、套兽等处安装了轮廓装饰灯，为此需要在屋面铜瓦之下预埋灯具所需电线，并利用铜瓦勾头部位的盖钉帽位置安装灯泡，很好地隐藏了轮廓灯的电线，同时避雷网也一并在铜瓦之下隐藏起来。屋面瓦的颜色采用陶瓦的深灰色，通过氧化手段来完成（图 3-2-5-17、18、19）。

2. 塔身柱、额、斗栱色彩的选择

由于雷峰新塔主体结构为钢结构，为了体现出千年古塔的外形，决定用铜板作为外装修材料，包在钢结构之外。但铜板的色彩，并未按照历史上留存的铜殿、铜塔的色泽，而是吸取了现代建筑门窗装修色彩处理的经验，决定采用暗红色，表层施以南宋时期常见的花纹；如柱头作仰覆莲莲瓣，柱身作缠枝宝相花。阑额额端作豹脚，额身作海石榴花。斗栱栱身侧面也有简单的宝相花装饰，这些构件在整体上为暗红色，其底色采用彩金浆油漆，表面通过刻蚀，凸显卷草花纹，将花纹部分的油漆磨掉，呈现出黄铜本色，总体效果成闪金朱红色（图 3-2-20）。

3. 塔身外墙

塔身外墙采用预制混凝土保温板材，表面喷白色防水涂料，窗台部位用水泥抹出象征宋代建筑中"隔碱"的土红色装饰壁带。门洞作火焰券式，装有镶嵌金色门钉的玻璃推拉门（图 3-2-21），这里之所以用推拉门，考虑到平开门需要的

---

[4] 朱炳仁《对雷峰塔使用铜构件的可行性研究和探索》，《古建园林技术》2003 年第 2 期第 9 页。

使用空间大，而且门扇随时开关，会给游人出入四周平坐观景带来不便，推拉门在开启后可节约使用空间，也方便了游人，仅仅在天气非常不适于开门的日子，会有选择地关闭某个方向的门。

4. 副阶天花

　　新塔副阶与塔身一层已经形成统一的大空间，为了界定副阶与塔身的位置，在塔身部位做了垂帘柱，使空间稍有界划，垂帘柱以内则属于塔体"室内"，垂帘柱以外算作副阶，其天花随着室外构件进行装修，故做成带雕花的平棊，花纹取自古塔出土铜镜，色彩仍然随着外饰面的颜色，用暗红色为地，表面饰金色花纹（图3-2-22、23）。

5. 栏杆

　　塔体各层平坐周围设有铜栏杆，栏杆柱的柱头形式，取自古塔遗址出土的石构件形象，加以整理，做成含苞待放的莲花。栏板用铜板制作，按南宋建筑常见的"木勾栏"形式设计（图3-2-24、25、26、27），栏板采用暗红色，表面花饰

[图 3-2-17] 铜瓦顶

[图 3-2-18] 铜脊兽

[图 3-2-19] 铜套兽及铜风铎

[图 3-2-20] 铜柱的细部纹饰

[图 3-2-21] 玻璃塔门

[图 3-2-22] 副阶天花

这里的天花名为"平棊"，是宋代建筑中常见的一种天花形式，有大小不同的方格组成，方格的分界处由木枋维和，称为天花枋。此处则借用斗栱的木枋，方格内可以绘彩画，也可做木雕花纹，雷峰新塔采用金色铜雕作为装饰。

[图 3-2-23] 副阶天花

[图 3-2-24] 平坐栏杆

[图 3-2-25] 平坐栏杆莲花式柱头

[图 3-2-26] 平坐栏杆

[图 3-2-27] 平坐栏杆栏板

依照宋式海石榴花纹样，花纹处稍稍凸起，露出铜材本色。

6. 台基

塔基实际为遗址展示大厅所在位置，这里从新塔副阶地平算起到达古塔遗址展示大厅的地平的距离将近 10m，在室外如果将这十来米高的空间处理成一个大的体块，与新塔塔身放在一起，势必显得突兀。本方案将其分成三个层次，分别处理。

最上一层依据一般建筑台基的高度设在副阶周围，高度仅 36cm，这与雷峰古塔的台基高度接近，这层塔基平面为八边形，立面由台明石和立砌的石板构成。在这层台基周围有较宽大的室外平台，可供登塔游人活动，此处即为第二层台基顶部，其内部便是古塔遗址所在的空间。

第二层台基高 5.6m，外立面采用须弥座式，用白色大理石制作，须弥座上下各一道石方，上方设三道线脚，当中最宽者带有压地隐起的海石榴花雕饰。随之为石雕仰、覆莲，两层莲瓣之间设束腰，作蜀柱、壶门式，壶门作假窗，窗框为铜质，并带有鸳鸯式窗心，鸳鸯的花饰取自遗址出土的鸳鸯银饰片花纹（图3-2-28）。须弥座之上设有汉白玉石栏杆，栏杆采用宋式"重台勾栏"形式（图3-2-29），自上而下设寻杖、云栱婴项、两重花版、束腰、地栿，以及蜀柱。大花版的雕花采用压地隐起式宝相花、小花版为卷草纹。第二层台基平面仍为八边形，在东北、西北设两个入口，每处皆作三堂铜门。门窗周围用汉白玉石材做出窗套，使之从台基的大片白色石墙面上凸显出来。这层台基周围有道路环绕一周，兼作消防通道（图3-2-30），其西北与车行道相连，可通山下城市道路。消防通道实际是利用遗址展厅的屋顶作成的。由于遗址西侧、北侧原有夕照山山体较高，这层台基的室外地平，即消防通道在西侧、北侧已经与山体连成一体。

在第二层台基周围又有一层方形台基，是为第三层台基，从第二层塔基的东南和西南设有室外踏跺，可通往第三层台基。第三层方形台基的北侧和西侧的大部分已经埋入山体，在西侧南部、南侧和东部露出了台基外墙，墙表面用花岗石砌筑，墙顶砌矮墙。第三层台基顶部南侧作为主要出入口，设有铜门三樘，门前

[图 3-2-28] 须弥座壶门细部

117

[图 3-2-29] 重台勾栏式汉白玉栏杆

[图 3-2-30] 大台基四周的消防通道

正逢自山下上来的自动扶梯和楼梯的端部，故在门前开辟较大平台，以满足游客入门的需要。在第三层方形台基的东侧仅有一樘门。门外为一片樟树林，是一处很好的休息场所，可供人们参观遗址后出此门小憩。同时从第三层台基的室外踏跺也可到达（图 3-2-31）。

[图 3-2-31] 塔基第三层台基顶部通往东侧樟树林的踏跺

[图 3-2-32] 雷峰新塔五层室内空间

六、室内空间设计

    中国古塔的室内空间通过壁面、天花、地面处理，意在表现其文化内涵，对于室内空间设计而言，首先必须满足使用功能的需求，雷峰塔室内空间设计面临的是室内空间有限，其中电梯及其两侧的楼梯占了室内中心的很大部分空间，而且电梯的尺寸是无法改变的，两侧的楼梯也是必不可少的，靠外墙布置的楼梯随着上部各层塔身外形的逐层收分，室内楼梯位置逐渐向内移动，楼梯与电梯之间的空间逐层缩小，需要想尽办法扩大室内使用空间。游人期待到达最上层观看西湖风景的心态不可更改，顶层势必成为游人最为集中的场所，因此，设计方案将电梯设为仅达四层，这样第五层便可容纳更多的游人（图 3-2-32）。面对各层较高的室内空间，将层间楼梯梯段做成三跑，这样就缩短了楼梯长度，减少了所占

[图 3-2-33] 雷峰新塔室内吊挂式楼梯梯段

有的空间，并且采用吊挂式做法，使得只有各层最下的一跑梯段占有室内的部分空间，其他各跑梯段则吊挂在上空，去掉了支撑楼梯梯段的柱子，这样便扩大了各层的使用空间（图3-2-33）。

　　新塔室内壁面、天花、地面的处理不能像现代建筑那样随意，既要表现文化内涵、美化空间；又要将空调、消防报警、自动灭火、监控、多媒体、智能控制等一切现代化的建筑设备、设施隐蔽起来，这些管线多有几十条，且纵横交错。如何通过装修，使其风格能够传承古塔的文化特征，又能解决隐蔽现代化设备的问题。但有的设施如消火栓必须放在明处（图3-2-34），便于人们取用。在室内空间设计过程中，还必须考虑利用借鉴古塔装修案例来解决上述问题。

[图 3-2-34] 雷峰新塔室内消火栓

七、室内装修 [5]

从现存同时期的古代砖塔上，可以看到一些古人处理砖塔室内壁面例子，因此在雷峰新塔的设计中借鉴了古人的经验，在室内各层壁面做有壁柱、壁带类装饰（图3-2-35、36），通过壁柱隐藏粗大的钢结构柱子，同时隐藏了各种现代设备的技术管线，但壁柱不能像现代建筑大厅的柱子那样粗大，于是将其作成双柱，并在柱子上下设有柱头和柱础。两柱之间留有一条较宽的夹缝，用带有木雕的壁板进行装饰（图3-2-37、38、39）。门两侧的垂直和水平方向的壁带作成仿木构的暗红色。在柱间阑额以上的墙壁上，采用中国传统长卷绘画的手法，绘出佛传故事、雷峰塔历史故事等题材的画面。

[图 3-2-35] 雷峰新塔室内壁带

---

[5] 室内装修由浙江亚厦装饰集团有限公司、南京百会装饰公司的设计人员在清华大学工艺美术学院常大伟教授的主持下完成，建设方主管王冰主任和工程主持人郭黛姮以及室内设计专家王炜钰教授等曾多次参加讨论，并提出建设性意见。

塔内设计风格的定位，应该在与建筑文脉相呼应的基础上，完美地实现环境艺术与使用功能的有机结合。重续文脉，再现精华。运用各种技术和艺术手段所营造的文化氛围，把当代人珍视民族文化遗产，关注生存环境质量的情感准确地表达出来。

室内装饰语言，必须参照吴越及宋代建筑装饰的时代风格、装修构件和装饰图案，尽可能取材于雷峰塔自身出土文物，尊重并体现杭州地域文化特征，又符合当代人的审美情趣，表现当代建筑装饰材料美感和工艺水准等原则。这些原则总括为"雷峰新塔的装饰是延续吴越文化脉络，富于雷峰新塔自身及所处地方特色的中国风格"。现将各层设计分述如下：

1. 台基底层

原设计方案是"游客乘室外自动扶梯到达台基南侧入口，踏上一条仿宋式立砖铺装的走道（雷峰塔遗址出土样式），面前是雕刻着钱俶建皇妃塔的《华严经跋》碑的玻璃屏风，透过玻璃可看到尘封已久、而今重现于世的雷峰古塔遗址。在南入口门厅顶部原设计设有仿钱镠功臣塔砖砌八边藻井的天花顶灯"。这个设计方案在实施中有所变更。

这一层除卫生间、设备、管理及附属用房外，留给观众的环状走道不宽，遗址体量相比之下显得较大，因此装修以遗址的砖、石材质为基调，力求朴素简洁。通道吊顶采用黑色铝格栅，有宋代"平闇"天花韵味。墙面包用古朴自然的条石砌筑，与遗址砖石材质相协调。

遗址围以钢化玻璃护栏，为防止遗址遭人为损坏，护栏高过人头。四周用多块出土铭文砖拼镶成观赏墙面。

---

[6] 以下有关室内装修设计引自常大伟《雷峰塔文化艺术陈设定位及装饰风格形成》，编者稍加修改。

[图 3-2-36] 雷峰新塔五层室内壁柱柱础

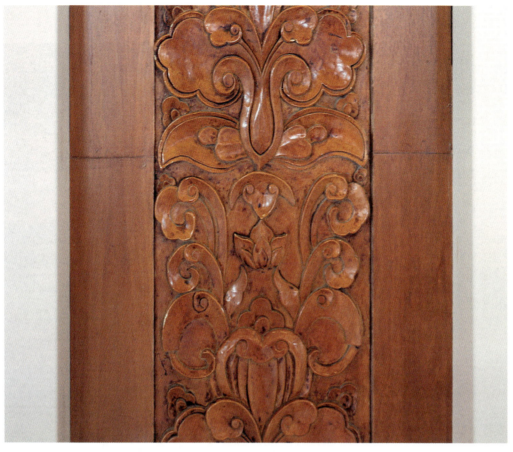

[图 3-2-37] 雷峰新塔五层室内壁柱木雕壁板

[图 3-2-38] 雷峰新塔五层室内壁柱木雕壁板

2. 台基二层

　　这是塔内空间最大的一层，供参观者活动的区域为古塔遗址四周的跑马廊，这里也是遗址的最佳观赏区，有较大的观众容量，并可有较长的停留时间。护栏用玻璃栏板，便于观察遗址细部状况（图3-2-39）。这里有最充分的采光和照明。地宫的观赏，由于受正上方首层电梯的影响，不便让观众直接俯视，设计采用在斜向大钢柱之间吊挂演示屏，播放地宫开启过程、出土珍宝和现场摄取的地宫特写画面，使观者获得充分视觉享受。

　　在靠外墙的位置系列展陈塔内藏经、铭文塔砖、地宫文物复制品等，亦可展陈精致的旅游纪念样品。通道吊顶用铝格栅。周围墙面采用宋代建筑中常见的"壁带"装饰，将重建碑记等刻石嵌

[图 3-2-39] 雷峰新塔台基二层跑马廊

于壁上。营造出典雅宁静的气氛，与遗址呈现的岁月沧桑格调合拍。

3. 首层

八面开敞的空间内外渗透，又是塔基与地上数层的接合部，此层的交通功能必须充分保障，但又是很吸引人的、透过玻璃俯视遗址的场所。八棵巨柱用刻花铜板包贴，依靠仿木柱子做出"抱框"。玻璃地面之外的铺地材料，采用花岗石铺砌。中心电梯装修用铝合金和玻璃材料，成为首层的观赏焦点。两侧楼梯及玻璃地面护栏，使用钢柱加玻璃栏板，表达这座古塔雍容大度的气象，又不失现代感（图 3-2-40、41）。

4. 暗层

这是塔内全无门窗的一层，为了充分利用建筑暗层空间，将展现白蛇传立体场景的木雕展陈其中。此外，安排有捐赠纪念墙、销售服务、游客休息饮水、男

[图 3-2-40] 雷峰新塔首层开敞空间

[图 3-2-41] 雷峰新塔首层开敞空间

女卫生间等功能。南、北、东南、东北、西南、西北六面，设斜面玻璃墙，其内布置民间工艺品《白蛇传》故事的东阳木雕（图3-2-7-42、43、44、45）。第一幅为"上有天堂、下有苏杭"，第二幅为"救妹寻郎、知恩图报"，第三幅为"施药救人、法海使诈"，第四幅为"飞跃千山、仙翁赐草"，第五幅为"法海施计、许仙被骗"。第六幅为"临产思夫、许仙逃回"，第七幅为"法海作恶、佛祖说板"，第八幅为"状元祭塔、合惩法海"，环塔内壁一周。采用浙江省传承了千年以上的民间工艺的装修，以突出雷峰塔的地域特色。电梯用全玻璃露明式，其钢构架涂饰采用与本层色调相配的漆料，电梯井围以石材、玻璃护栏，以加强安全感。楼梯做法与首层相同。

[图 3-2-42、43] 雷峰新塔暗层《白蛇传》故事木雕

[图 3-2-44、45] 雷峰新塔暗层《白蛇传》故事木雕

5. 第二、三、四层

这三层出于满足建筑统一感的要求，装修的做法基本一致。除电梯、步梯与暗层相同以外，地面铺装、踢脚、墙面、柱面、门套、推拉玻璃门、天花、壁画的安装形式等也是基本一样的。虽然空间逐层变小，中央的电梯井口处理小有差异，但无碍大局的统一。照明的方式、灯具的选型也无变化。

天花用暗色铝合金支条，支条相交处燕尾用金色并装小灯，天花板用亚光浅金色钻微孔的铝合金材料，微孔兼有吸音和装饰双重作用。

墙面，在八面的塔门两侧横向做了壁带型装饰，在门额以上的壁面做了绘画、书法类装饰，其中二层为《吴越王造塔图》大型壁画（图3-2-46），三层展陈与雷峰塔相关的古今诗文，四层用全景画的方式描写西湖十景今貌，采用瓯塑工艺（图3-2-47、48），将不同季节的景物用长卷样式分段表现，无论任何时令，游客都可以全面领略杭州之美。八樘钢化玻璃门，门套用石材。墙面踢脚亦使用石材。各层整体色调偏暖色系，典雅高贵，熠熠生辉。

[图 3-2-46] 雷峰新塔三层上部墙面的钱王造塔图绘画

[图 3-2-47] 雷峰新塔四层上部墙面的西湖十景图（瓯塑）

[图 3-2-48] 雷峰新塔四层上部墙面的西湖十景图（瓯塑）

6. 第五层

　　第五层为全塔的最高层，是整座塔内观光最佳楼层，也应该是游客迎来的一个振奋人心的游览高潮所在。由于本层顶部井字钢梁较低矮，如果天花板吊在其下方，空间感觉压抑，故此将井字梁形成的井口处理为"藻井"样式，梁上空间建造八边形穹顶，穹顶内壁有 977 个塔龛，安放小经涂塔，这 977 的数字与雷峰塔始建年代相呼应。穹顶和梁底均贴金箔以求辉煌（图 3-2-7-49、50）。

　　第五层在塔的八个门洞上方有八块浮雕，内容为释迦牟尼佛传故事（图 3-2-7-51、52、53、54、55、56、57、58）。大井字梁之上为一个大穹顶，中心是一朵硕大的莲花，象征着人类对纯洁美好世界的向往。莲花的选择是考虑其中国文化特色，"荷"与"和"谐音，在中国人传统观念中象征和美、高洁、吉祥，"莲"与"连"谐音，有延续、不断、恒久之意，此花又是西湖之盛产，久为群众喜闻乐见。本层是想借助佛教文化的象征意义，表达普世和平的愿望。用这个金光闪烁的藻井，显示了雷峰新塔室内空间处理的高潮，取得了令登塔者为之惊叹的艺术效果。

[图 3-2-49] 雷峰新塔五层天花仰视

　　藻井的井，原意是以画着水藻纹的水井口为吉祥物，作为室内天花的装修，具有防火的寓意。后来使用中随着建筑功能的不同，出现了不同的花纹和雕饰，有的中央悬挂着一面镜子，有的悬挂着一条龙。雷峰新塔在藻井中作了佛塔和莲花，用977个小佛塔作为古塔建塔时间的纪念，中央的莲花寓意这座新塔高尚纯洁的文化品位。

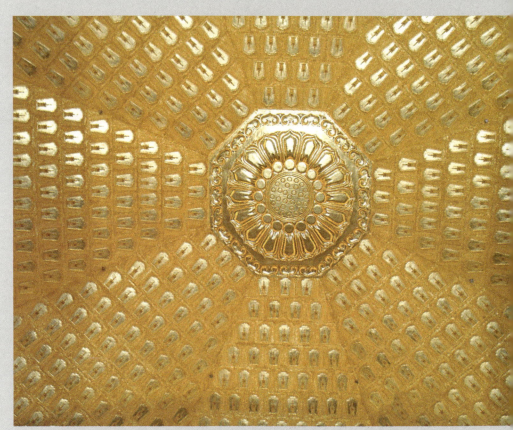

[图 3-2-50] 雷峰塔顶层室内天花

[图 3-2-7-51] 佛传故事木雕

[图 3-2-7-52] 佛传故事木雕

[图 3-2-7-53] 佛传故事木雕

[图 3-2-7-54] 佛传故事木雕

[图 3-2-7-55] 佛传故事木雕

[图 3-2- 56] 佛传故事木雕

[图 3-2-7-57] 佛传故事木雕

[图 3-2-7-58] 佛传故事木雕

146

第三节　新塔垂直交通设计

雷峰新塔的室内外垂直交通，一反古塔爬山、登塔之繁，采用现代化的电梯、自动扶梯等交通工具，供游人到达塔顶。塔的垂直交通分为几个部分，分别设置。

一、从山下到达新塔塔基古遗址展厅入口

雷峰塔景区总入口设在南山路，净慈寺对面，欲登雷峰新塔有两条路线，一条是步行线，从新塔南侧的夕照山前，乘自动扶梯或爬楼梯可达新塔底层南侧主入口（图3-3-1）。进入古遗址展厅参观后可从室内乘电梯或走楼梯到达塔基展厅二层，继续从较高的视角参观古塔遗址。

另一条是车行线，游客乘车从新塔西侧的夕照山前绕到山后（图3-3-2），到达新塔西北或东北侧的古遗址展厅二层的入口，这条通道可供残疾人使用，在东北入口前设有残疾人轮椅通道（图3-3-3），直接进入塔基二层参观，或从塔基二层乘电梯下达一层参观。

二、新塔展厅部分

进入新塔展厅底层南侧大门后，可乘设在南门左右的两部室内电梯，从塔基一层上升至塔基顶部副阶周围所设平台（图3-3-4），也可走楼梯到达展厅二层，参观后从室外踏跺到达，然后转乘设在雷峰新塔首层的电梯或楼梯继续登塔（图3-3-5）。

[图 3-3-1] 自动扶梯及室外踏道

[图 3-3-2] 通往雷峰新塔塔基入口的夕照山北侧车行道

　　游客乘车从新塔西侧的夕照山前绕到山后，到达新塔西北或东北侧的古遗址展厅二层的入口，这条通道可供残疾人使用，在东北入口前设有残疾人轮椅通道，直接进入塔基二层参观，或从塔基二层乘电梯下至一层参观。

[图 3-3-3] 室外残疾人通道

[图 3-3-4] 到达雷峰新塔首层平台的电梯和室外楼梯口

[图 3-3-5] 塔基室内一层电梯入口

第四节 雷峰塔立面照明设计 [7]

一、设计构思

1. 彰显雷峰新塔的体形美

雷峰新塔是一座经过建筑师精心设计而又非常精湛的仿古楼阁式塔,它比例恰当,上下协调,体形完美。立面照明应把它完整地体现出来,而不仅是亮其局部,也不是一成不变、千篇一律地一样亮。在人们的视线范围之内,应让整个塔的各个部位以不同的亮度,或不同的光色,或不同的色温有层次地亮起来。夜晚的雷峰塔看起来仍然是一座具有经典造型的塔,但却是一座经照明灯泡"装饰"过的比白天更美、更有活力的塔。

(1)低亮度

雷峰新塔地处西子湖畔,夕照山顶东侧,周围树木掩映,环境幽雅。这座塔应有一定的亮度,以适应于这种较暗的环境,但不宜太亮,以避免造成过分的明暗之差。对此平时不宜过多地采用泛光照明,而是以亮度不是很高,轮廓线却很清晰的LED(发光二极管)轮廓照明为主,用它来勾画整个塔的基本形体(图3-4-1)。

(2)透亮的塔刹

整个塔体虽然不宜太亮,但塔的顶端塔刹却应该透亮,塔刹是塔的精华部分,从远处首先看到的是塔刹,然后是塔身,因此塔刹是人们中远距离观看的主要视点。另外塔刹上内容丰富,从上到下有宝珠、仰月、圆光、宝盖、相轮等,这些体形不大,形状各异的精美造型,只有在高亮度下才能看得清楚。为此立面照明在亮度上突出了塔刹,让它显得晶莹剔透,成为西湖西南角上一个突出的亮点。

(3)多变的艺术效果

杭州的气候四季分明,冬夏温差大,这种温差造就了不同的环境。对于平时、一般假日和重大节日,晴天和雨天,傍晚和深夜,立面照明都应有区别,立面照

---

[7] 本文引自江豫新、辛晓珂《雷峰塔立面照明设计》,原载《建筑电气》2003年第4期,第16-18页。编辑对其内容稍作删改。

[图3-4] 雷峰新塔夜景

[图 3-4-2] 雷峰新塔落成典礼文艺演出夜景

明满足这种要求需要作多种变化。设计方案除了 LED 轮廓照明可作多种变化外，还设置了许多投光灯、埋地灯、小型射灯及塔外照明，形成多种不同的组合，以取得多变的效果（图 3-4-2）。

(4) 体现雷峰塔的民间传说

"白蛇思凡下山，与侍女青蛇同往杭州，白蛇与许仙结为夫妇，法海和尚以白、青为妖，几次从中破坏，终借佛法将白蛇镇于雷峰塔下。"这是一曲反封建争自由的动人故事，从此雷峰塔出了名。现在，雷峰塔又显现在人们的眼前了，人们见到雷峰塔自然会联想起白娘子被压在雷峰塔下的故事。在这高科技的时代里，我们完全可以借助灯光的特有魅力努力反映这美妙的传说，塔的上部是精致的，塔的底下却是神秘的。为了营造这种神秘感，从塔的根部有意识地向天空发射光线，就象从塔下发射出来似的。设置激光和喷雾等演示性照明，在特殊的日子里表演，可让人们看到白蛇出塔的神奇景象。在平时仍应采用静态的低亮度照明，以保持整个西湖平静和安宁的环境（图 3-4-3）。

(5) 保护塔的完整性

立面照明使夜晚的雷峰塔亮起来，必须要在塔上安装许多灯具，但一般灯具的形状与塔并不协调，如果安装在塔的明显部位就会破坏塔的整体美感。我们希望只见光不见灯具，这就必须将灯具尽量隐蔽起来，让它看不见或不明显，但是难度很大。对于这些无法隐蔽的灯具，设计中做一些伪装措施，让它不明显或不像灯具。如灯具与外壳颜色要和塔表面安装灯的部位同一色，灯具的体形尽量小，也可以"化妆"一下，还可利用塔上小构件做伪装，使其与塔显得协调一些，如各层檐口的轮廓灯是将瓦顶的盖钉帽置换成灯具。

(6) 防止光污染

在雷峰塔的立面照明设计中，需要注意眩光问题，在人们视线方向上都要注意泛光灯造成的眩光。选择灯具位置时投光方向尽量避开人们的视线，有可能产生眩光的灯具应加格栅片。投光灯的功率尽量小一些，光源的亮度尽量低一些，灯具的配光要适当，并尽量减少逸散光。

[图 3-4-3] 多变的照明效果

2.雷峰塔的照明方式和灯具布置

根据以上的设计思路，结合雷峰塔的结构和表面材料把设计思想具体化。采用了以下三种照明方式：

（1）轮廓照明；以 LED 为光源的动态轮廓照明；

（2）泛光照明；采用投光灯、射灯、金卤灯及高压钠灯光源的泛光照明；

（3）演示性照明；由塔外向天空发射的投光灯和激光加喷雾组成演示性照明。

3. 立面照明的控制

（1）控制要求

雷峰塔立面照明的控制对象主要是 LED 轮廓灯、投光灯、射灯、地埋灯等。LED 灯为动态照明，可作各种变化，每层 LED 分 18 个回路，LED 做成点光源，每点可作 7 种颜色的变化。以点组合成线，每条线上分若干段，使各线可作转动、跳动和变色。上下可按人们的设想按一定程序变化，投光灯按不同的层次和部位开启和关闭，配合 LED 作不同的组合。控制设备放置在专用的控制室内，但控制的部位可随意（可在任何地方遥控），由人们预先编好程序，按人们的意志自动变换场景。

（2）控制系统

本设计采用的是 C-BUS 总线制智能控制系统，为了提高系统的利用率，室内外照明共用一组控制系统。立面照明的直接控制对象是 6 台立面照明配电箱。各配电箱内的各回路均通过智能继电器的接点，控制 LED 灯和投光灯回路的接触器。接在总线上的设备，除了主机和智能继电器外，另外还有 8 联输入键，管理人员可以手持红外线遥控器，通过该输入键控制各灯。各灯可组成多种场景，每种场景可预先设置，也可随意变动。

夕阳中的雷峰新塔

第四章　雷峰新塔结构设计

序

雷峰新塔的主体结构为高层类框架钢结构，柱对角线最大跨度为 48m，采用人工挖孔嵌岩桩。为解决斜柱传至基础的巨大水平推力，桩承台之间设置预应力混凝土环形基础梁，塔刹部分采用钢结构，古建筑装饰构件将传统木构件改为铜制构件。该工程将钢结构及铜制品应用于造型复杂的楼阁式建筑中，在国内尚无先例可循。[1]

---

[1] 本节撰稿：清华大学建筑设计研究院吴青、吴喜珍、江波。

第一节 项目的特殊性

雷峰新塔在"原址重建"的总体思路下，建筑方案引出了结构专业需要解决的一系列需求与挑战。

一、体现文物保护的"可逆性"要求

在《威尼斯宪章》中曾提出文物建筑保护所采用的方法除了"可识别性"要求外，必须具有"可逆性"，就是文物在一定的历史条件下所采用的某种保护方法，随时间的检验可能会发现更好的方法，"可逆性"要求原来的保护方法应该有可以去除的特性。

二、满足特殊地质情况与遗址保护需要

雷峰塔原址所在的夕照山地质状况不理想，基础设计在考虑持力层岩层高低错落的情况下，不仅要避开纵横交错的人防通道，而且最重要的是要处理好对雷峰塔遗址的保护，遗址本身遗留的砖砌体连接薄弱，无法经受震动的客观现状。

三、满足遗址保护与古塔外观要求

为了满足保护遗址的功能和实现古塔向上收分的外形需求，主体结构必须采用斜柱。斜柱必然引起传至基础的巨大水平推力，加剧了基础设计的难度。

四、满足室内浏览空间需求

雷峰新塔需要精致优美的外观，同样也需要提供舒适的室内通畅空间。传统材料的造塔方案在此工程中并不适合。

第二节　采取对策

一、结构类型选择

结构设计引入了高层类框架钢结构为主要特点的设计方案。一般来说，钢结构材料强度高，便于施工及遗址保护，在本工程中，应该能满足建筑功能需要，还具有较好地满足"可逆性"要求的性能，并且即使拆除下来的钢结构也是便于回收重利用的。在雷峰新塔的建设工程中，不仅首次在主体结构及塔刹部分采用钢结构，而且还要解决将金属饰面的建筑装修构件与主体结构的连接问题。

二、基础类型确定

本工程使用人工挖孔桩来处理地基，用联合承台跨越人防通道的方式，来解决斜柱落至人防通道上的问题。对遗址所在部位，采用土钉墙支护的方式保护脆弱的雷峰塔遗址。

三、对斜置的框架柱的加强措施

使用预应力钢筋混凝土环形基础梁，来解决斜柱引起的传至基础的巨大水平推力。

第三节 结构方案选择

雷峰新塔建筑设计要求结构在新塔下部跨越遗址，不能采用钢筋混凝土结构，因其施工中的混凝土振捣会影响遗址的安全，同时大跨混凝土梁也不易满足挠度和裂缝的要求；采用钢结构，主要构件为工厂制作加工，避免现场钢筋混凝土支模，工业化程度高，施工速度快，施工质量容易保证，能解决场地狭小及遗址保护的问题。塔下部结构跨度大，楼面活荷载标准值为 $3.5KN/m^2$，为避免现浇钢筋混凝土楼板支模时对遗址的不利影响，采用双向井字梁上铺压型钢板——混凝土组合楼盖结构，不仅结构整体性好，而且也满足建筑使用功能的需求。同时，要满足建筑模仿古塔的立面要求，建筑外装饰件多，节点构造复杂，故采用了斜柱。

塔身二层以下，柱的水平为 $57.8°$，二层以上柱的水平夹角为 $84°$。给结构计算和设计提出了较高要求（图4-3-1）。

本工程荷载大，跨度大，层高大，梁、柱受力很大，采用高强钢结构，不仅能减少梁柱截面尺寸，以满足室内空间的使用要求，而且减轻了钢结构梁、柱的自重，同时结构的延性好，具有良好的抗震性能。

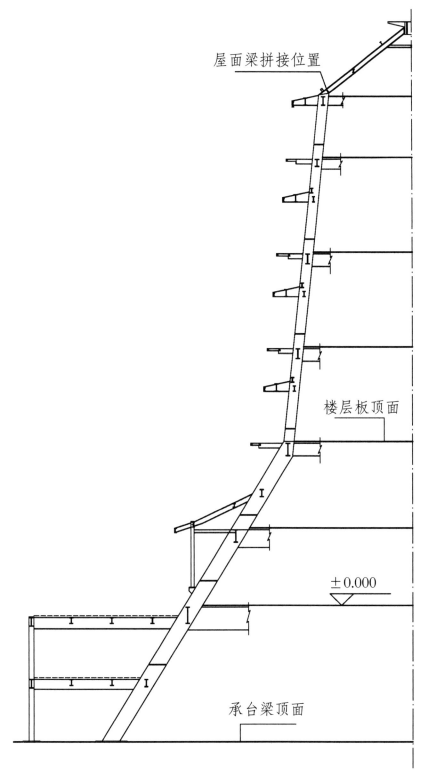

屋面梁拼接位置

楼层板顶面

±0.000

承台梁顶面

[图 4-3-1] 塔身主体结构剖面图

第四节 结构计算

　　杭州市地震基本烈度为 6 度，抗震设防烈度也为 6 度，鉴于雷峰塔特殊的历史文化意义，建筑设防类别属乙类建筑，其地震作用按 6 度抗震设防烈度，但抗震措施采用 7 度标准。基本风压为 0.40KN/m²，本工程采用双向平接井字梁楼盖，平面为八边形，立面为类塔框架结构（图 4-4-1、2）。

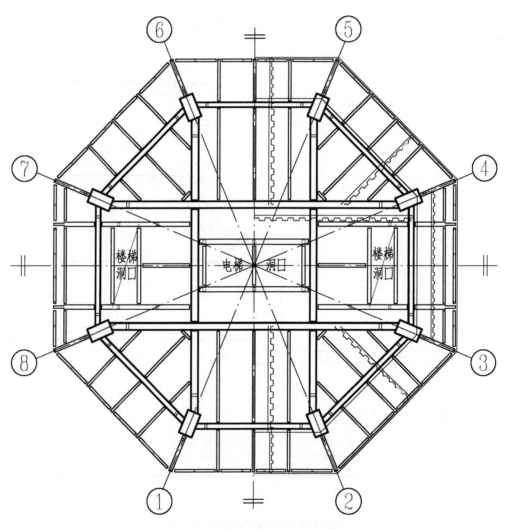

[图 4-4-1] 标高 ±0.00m 梁板平面布置图

计算软件采用美国 REI 公司与国内分公司共同推出的专业钢结构计算软件——STAAD III,该软件不仅有强大的结构分析功能,同时还具有优化设计功能,可根据现行中国规范对截面尺寸进行检查优化。鉴于结构的重要性,同时采用有限元计算程序 SAP91 进行复核计算,该工程两种软件计算结果符合较好。

结构强度计算、梁柱构件翼缘整体稳定性及腹板局部稳定性、结构最大顶点位移、层间变形及主梁跨中最大变形均满足《钢结构设计规范》（GBJ17-88）及《高层民用钢结构技术规程》（JGJ99-98）的要求,主要计算结果如下表:

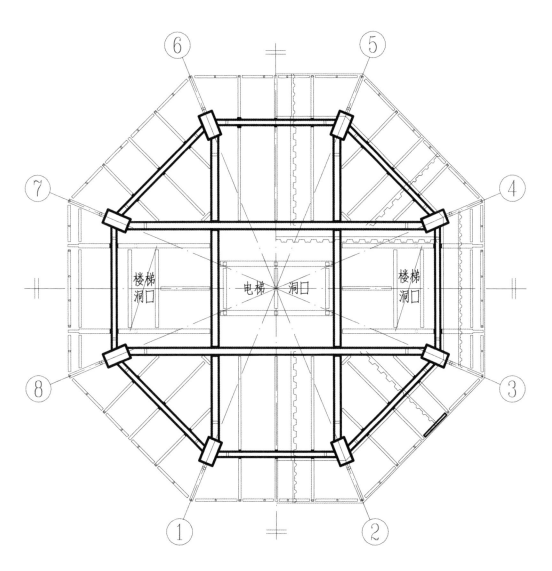

[图 4-4-2] 塔身各层梁板平面布置图

计算程序	风荷载下顶点位移	主梁跨中最大变形	梁柱最大应力	柱底轴向力 N
STAAD Ⅲ	50mm	5mm	201kPa	9260KN

　　根据计算结果，框架梁柱钢号选用 Q345，而次梁、楼梯等次要受力构件采用 Q235-B。框架柱采用焊接箱型柱，截面尺寸为口 1200×800×36，12.60m 以上柱截面为 800×600×25 的长方形；框架梁采用焊接工字钢，±0.00m 处框架钢梁截面尺寸为 1800×450×16×30 的工字形。根据《高层民用钢结构技术规程》（JGJ99-98），为保证框架梁支座负弯矩区结构稳定，在框架横梁下翼缘距柱轴线 1/8～1/10 处设置侧向隅撑。

第五节 地基基础

一、 地质条件

由于雷峰新塔在古塔原址重建，必须要对夕照山不利地基条件进行处理。建设场地属岩溶地区地基，地质条件复杂，上部为灰岩经风化作用形成的红黏土，混有大量风化残留的燧石，其厚度变化大，下伏基岩为下二叠统栖霞组灰岩、燧石灰岩，基岩面起伏大，伴有一定规模的溶洞发育及裂隙，灰岩岩溶较发育，地层溶洞分布规律不明。同时雷峰新塔下尚存纵横交错的人防通道。

二、 基础设计

塔身所有荷载由八根框架柱支撑，单柱最大荷载达 9260KN，采用天然地基不能满足设计要求。由于施工场地狭窄，采用传统灌注桩施工，浇筑工艺振动对遗址存在不利影响，不具备施工条件，综合考虑场地条件及土质情况，决定塔基和裙房均采用人工挖孔桩。

人工挖孔桩具有机具设备简单，施工操作方便，占用场地小，无泥浆排出，对周围环境及遗址影响小；施工质量可靠，可全面展开施工，缩短工期；特别是在扩大头的桩基施工中，人工挖孔桩施工更有其优越性，可直接观察、检验成孔质量，确保桩端完全进入基岩，使施工质量得以保证，弥补机械施工的不足。

除特殊部位外，塔基及裙房均采用一柱一桩，使上部荷载传力直接，桩径分别为 1.0m、1.2m 和 1.5m 三种。桩尖进入中等风化基岩的深度要求不小于 1.0m。由于岩面起伏大，致使 58 根桩的长度均不相同，其中最长桩为 33.50m，最短为 4.00m。桩基遇人防通道时，根据人防上部基岩具体厚度及桩基承载力，分别采用跨越、避开及原位方式进行处理，以保证塔身及人防通道的安全。桩基遇溶洞处，根据桩基承载力及溶洞所处位置的不同，按穿越或注浆等方法进行溶洞处理。

斜柱下部水平夹角为 57.8°，斜柱传至桩端的最大水平推力为 5860KN。当桩顶按水平位移取 5mm 时，基桩承受水平力 Rh 为 1315KN，其余水平力需考虑由环梁承受，由于环梁应变受桩端水平位移的限制，环梁应变值为 250　　，单纯加大环梁配筋及截面来承受桩端水平力是不经济的。综合考虑以上因素，塔基桩基承台间环梁在设计时采用后张法有黏结预应力混凝土，同时裙房部分承台间设置后张法有粘结预应力混凝土环梁，两道环梁如同内外环箍将基础、主体连为一体，增加了结构整体性（图 4-5-1）。

三、对基础施工的要求

本工程采用人工挖孔桩，部分桩较长，最大桩长达 33.50m，施工时采用现浇砼分级护壁的人工挖掘施工工艺，并在护壁中配筋，每根桩的桩终孔深度由设计、施工、监理及勘察单位共同确定。同时在浇注桩身混凝土时，严格控制混凝土的水灰比及塌落度，避免离析现象，保证混凝土的密实性和桩身质量。

由于单桩承载力较大，为一级建筑物桩基，根据《建筑桩基技术规范》（JGJ94-94）规定的单桩竖向承载力标准值应通过现场静载试验确定。但限于现场条件，勘察单位在主体塔身 8 根桩位对应的基岩取芯，进行岩石单轴抗压强度试验，用以确定桩端基岩的极限承载力。另外对主体塔身 8 根桩基采用超声波透射检测，进一步检验桩身质量和桩身混凝土波速，同时对其中的 4 根基桩进行混凝土抽芯检测，检测桩身混凝土芯质量情况、混凝土抗压强度、桩底沉渣厚度。所有单桩均采用低应变反射波法检测。检验报告表明：桩端无沉渣、桩身完整，无断桩、桩身质量良好，质量等级均为Ⅰ级。

承台基础梁截面较大，受力较大，截面尺寸最大为 1600mm×2200mm，为防止出现温度裂缝，施工期间，设计单位、施工单位及监理单位共同研究，确定合理的水泥配比、外加剂掺量等措施，保证基础拉梁的施工质量。

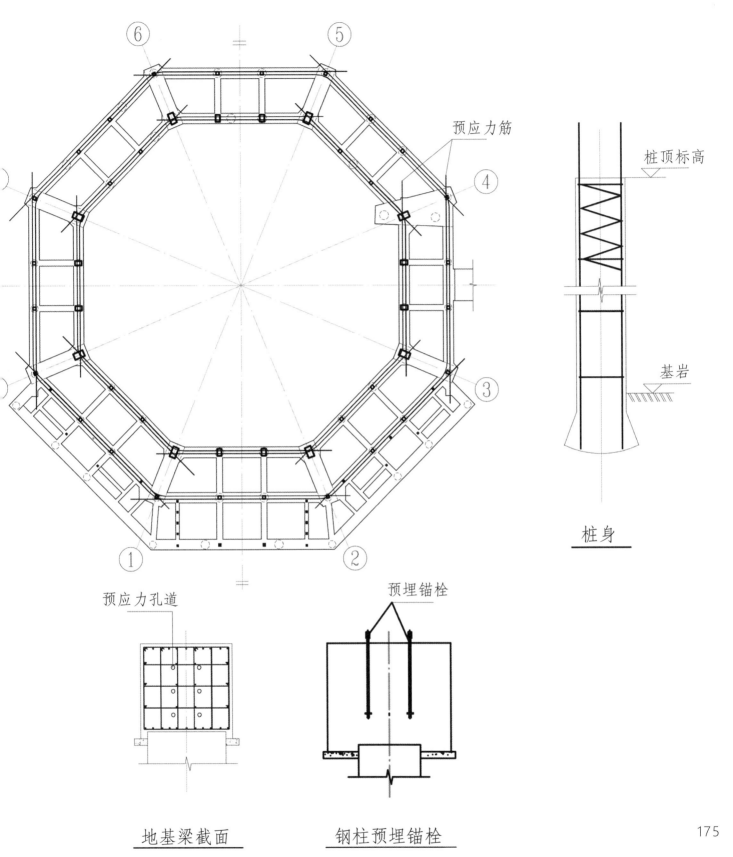

预应力筋

桩顶标高

基岩

桩身

预应力孔道

预埋锚栓

地基梁截面

钢柱预埋锚栓

175

[图 4-5-1] 基础平面布置及详图（结构设计图 ）

基础环梁预应力筋采用直径为 15.2mm，强度为 1860Mpa 的低松弛钢绞线，张拉时要求保证结构受力的对称性，每段预应力筋均为两端张拉。为防止过早张拉对结构产生不利影响，预应力筋张拉分两个阶段进行；主体结构施工到达 12.61m 结构标高时，张拉内圈地基梁内的预应力筋。主体结构全部完工时，张拉外圈地基梁内的预应力筋。

由于基坑开挖深度达 3-5.5m，为防止基坑坍塌，影响桩基施工及满足遗址保护的需求，对基坑及遗址需采用土钉墙支护的施工措施。根据现场需要，局部铺设钢筋网片，喷射混凝土。这种做法，在桩基施工及遗址保护中取得了良好的效果。

基础施工完毕设 3 个沉降观测点，2003 年 1 月沉降变形观测值为 3mm，满足设计要求。

第六节 构架节点构造

一、梁柱节点设计

梁柱刚接节点连接方式应根据构件受力、运输及吊装能力来确定。由于本工程节点构造按 7 度抗震设防要求执行，为保证构件具有良好延性和抗震性能，框架梁柱连接节点采用等强度设计法进行设计。

框架梁分为外环梁和中心井字梁；外环梁采用梁柱栓焊混合连接的现场连接节点，即梁的翼缘与柱采用全熔透焊缝连接，梁腹板采用摩擦型高强螺栓连接。中心井字梁分成三段，两端各留 1m 与框架柱在工厂焊接成悬臂梁，中间部分现场采用栓焊混合拼接。悬臂梁与倾斜的钢柱连接节点复杂，工厂焊接更能保证施工质量。

框架柱为焊接箱型柱，采用全熔透焊缝。由于柱截面大，重量大，限于塔吊起吊能力，箱型柱每层为一柱段，柱与柱拼接位置为距楼层顶面标高 1100mm 处，接头采用完全焊透的坡口对接焊缝，变截面处梁柱接头。

框架柱与框架梁翼缘对应位置设置水平加劲肋，水平加劲肋采用融化咀电渣焊。

节点连接螺栓均采用 10.9 级摩擦型高强度螺栓，构件连接面采用喷砂除锈，高强度螺栓抗滑移系数 >0.40，主要梁柱连接焊缝均要求一级焊缝。

由于塔身为八边形向上收分，框架柱为倾斜柱，框架梁柱相交均存有夹角，为保证施工质量，设计时要求框架梁柱工厂一层整体预拼装，但鉴于实际困难，施工时改为平面预拼装（图 4-6-1）。

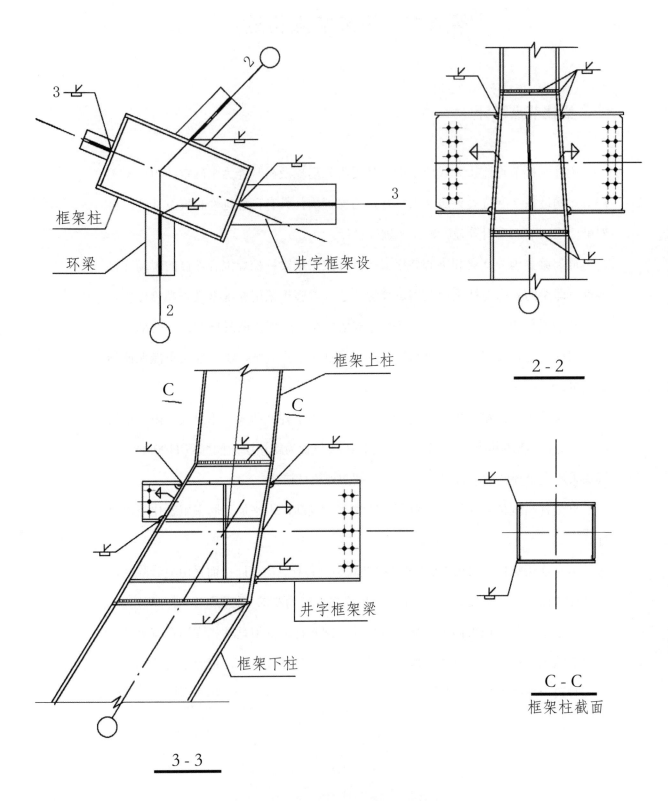

框架柱

环梁

井字框架设

2 - 2

框架上柱

井字框架梁

框架下柱

3 - 3

C - C
框架柱截面

[图 4-6-1] 梁柱连接节点详图（结构设计组）

二、柱脚设计

柱脚采用刚性柱脚，底板厚为 60mm，柱脚锚栓直径为 M42。由于斜柱水平剪力分量较大，柱脚底板与下部的混凝土之间的摩擦力不能完全承受斜柱传来的水平剪力，用增设抗剪连接件来承受其余的水平剪力（图 4-6-2）。

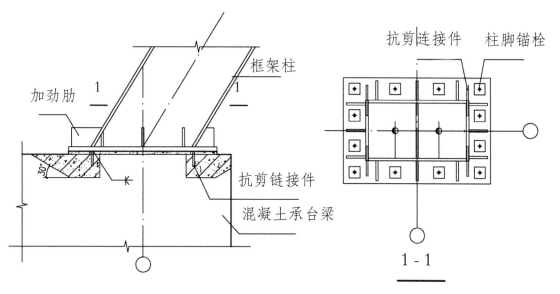

[图 4-6-2] 柱脚详图

三、楼盖屋盖设计

为避免楼板现浇混凝土支模对遗址的不利影响，采用压型钢板-混凝土组合楼面，井字梁双向平接，压型钢板混凝土与钢梁采用 M16 栓钉作为抗剪连接件。考虑压型钢板存在防火、防腐的问题，结构计算中未考虑压型钢板-混凝土楼盖的组合作用，压型钢板仅作为现浇混凝土的模板。

塔身的翼角飞檐和屋檐是中国古建筑外观的一大特色，用钢材和钢筋混凝土这些现代材料实现古建外观也是结构设计及施工的一个难点。依据翼角飞檐、屋檐的外形及现代结构抗震体系的要求设置钢梁或钢柱。采用在各钢梁上焊接抗剪钢筋，来防止飞檐板、屋檐板与钢梁之间产生滑移，并满足抗剪要求。施工时采用干硬性混凝土，分段浇筑加强振捣，竣工后的飞檐板、屋檐板没有出现渗水、漏雨现象。很好地体现了古塔的建筑效果（图4-6-3）。

由于遗址保护限制，首层井字框架梁施工时未能按照设计要求进行预起拱，造成±0.00m层32m跨度钢梁施工时出现40mm初始变形，初始变形值达跨度的1/800，《钢结构规范》（GBJ17-88）第3.3.2条要求受弯构件的允许挠度为1/400。施工单位、建设单位及监理单位发现施工出现偏差后，及时通知设计单位，由于楼层压型钢板现浇混凝土层已经浇注，无法重新预起拱，经现场实测钢梁变形，复核结构计算，设计单位确认在保证压型钢板的耐火等级情况下，组合梁板是能够满足正常使用情况下的承载力要求，仍能满足设计要求。

该工程2002年10月竣工，交付使用后定期进行±0.00m层框架梁变形观测，梁底最大变形为48mm，满足规范的要求。

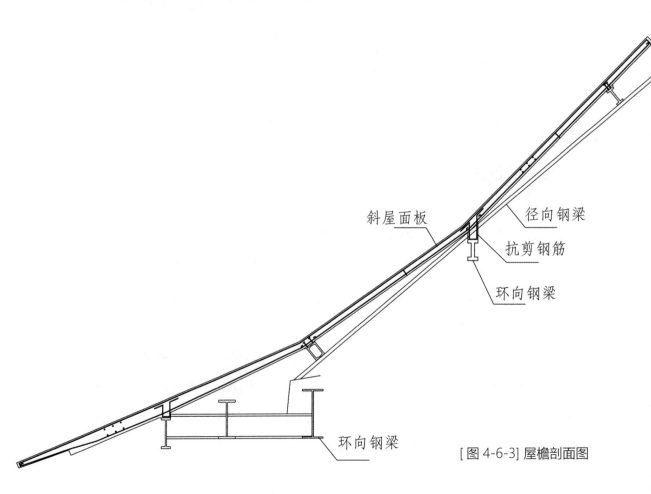

斜屋面板

径向钢梁

抗剪钢筋

环向钢梁

环向钢梁

[图4-6-3] 屋檐剖面图

四、悬挂楼梯设计

垂直交通必须满足旅游观光及消防的需要，为此在塔内设置两部电梯和两部疏散楼梯，为争取最大的室内空间和环境容量，楼梯采用悬挂式钢楼梯，支撑楼梯的钢柱悬挂于上层钢梁上，钢柱之间设有柱间支撑，在保证钢柱平面外稳定的同时，也丰富了建筑的室内空间。塔身立面是逐渐向上收缩的，而悬挂钢柱为竖向垂直的，所以整个楼梯设计成平面为斜向楼梯，斜向楼梯与悬挂楼梯钢柱的完美结合，构成了室内一道独特的景观。

五、塔刹设计

塔刹总高为 16.877m，位于塔身顶端，是塔身的重要组成部分，其外形具有南宋时期江南古建筑的典型特征。塔刹由中心钢管及外饰构件组成，中心钢管采用无缝钢管，根据建筑外形要求，中心钢管从下部至塔顶钢管直径由 560mm 渐变为 120mm。中心钢管外侧的外饰构件为八角基座、覆盆、相轮、圆光、宝盖、仰月等古建装饰构件，装饰构件均采用钢结构外包金箔（图 4-6-4、5）。

塔刹结构自重大，构件自重达 20 余吨；同时构件尺寸大，下部构件的八角基座最大直径为 4.08m，存在着如下的设计难点：

1. 变截面无缝钢管的拼接连接构造节点处理；

2. 钢管外部的古建装饰构件与无缝钢管的连接方式问题；

3. 塔刹与主体塔身的连接节点处理。

经设计研究并与施工单位共同商榷，采用内衬加劲套管，来解决中心钢管直径由 560mm 渐变为 120mm 的变径及构件连接问题。为保证塔刹中心钢管将荷载直接传至塔身的斜向立柱，有效传递上部水平风荷载，除设塔刹基座外，中心钢管与基座及覆盆之间的钢套管中的空隙用砂浆填实，斜柱在塔刹根部增设 2I20a 水平梁，以保证钢管的有效锚固。另外对八角基座等构件内部加劲钢板处，采用开洞等措施减轻自重。

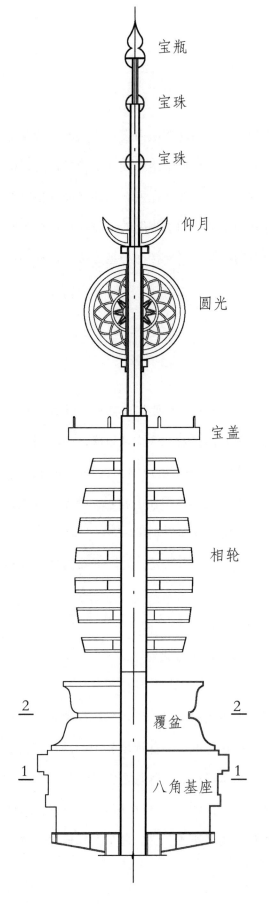

宝瓶

宝珠

宝珠

仰月

圆光

宝盖

相轮

覆盆

八角基座

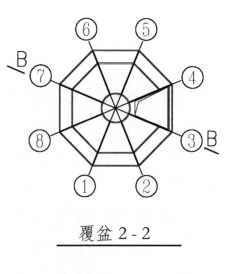

覆盆 2 - 2

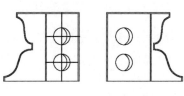

B - B

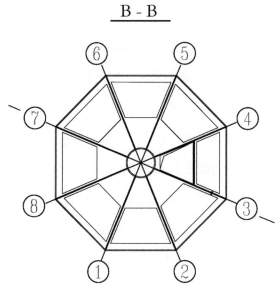

八角基座 1 - 1

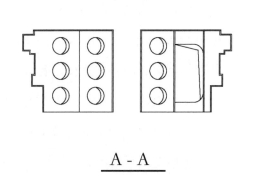

A - A

[图 4-6-4] 塔刹详图

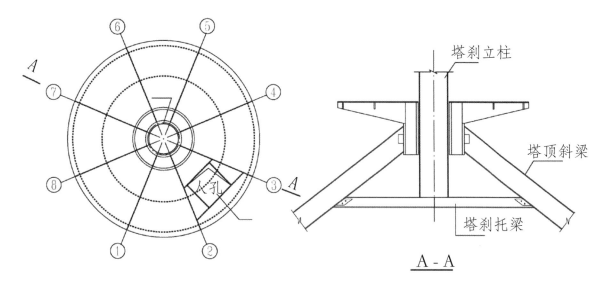

[图 4-6-5] 塔刹基座平面布置及节点详图

六、 钢结构防锈、防火及施工检验

钢结构构件表面必须进行防锈及防火处理；防锈采用表面经喷砂处理，应达到 Sa2.5 级的防锈级别。防火采用涂料覆于构件表面；底层涂料为水性无机锌底漆，厚度 75μm，钢梁和钢柱均涂刷厚型防火涂料，耐火极限分别为 2 小时和 3 小时，同时外包 2.5 厚灰色氟化碳喷涂的铝板，达到一级耐火极限的防火要求。

本工程钢构件截面尺寸大，构件形状复杂，局部钢板较厚，同时部分斜向箱型柱内设斜向加劲板，给焊缝连接带来很大困难。为保证焊接质量，减少焊接变形，避免出现焊接裂缝，达到一级焊缝的标准。施工单位采用高电压、低电流、慢送丝起弧燃烧、对称焊接等合理的焊接矫正工艺进行施焊。经超声波探伤及 X 光拍片检测后，所有焊缝均符合一级焊缝标准。

结构设计小结

2001 年 7 月 4 日雷峰新塔破土动工，2002 年 10 月 25 日竣工，并于 2003 年 1 月开始正式接待游人。工程完成后经实测，基础沉降观测及主梁变形观测均小于计算值，符合设计要求。归纳起来，本次结构设计有三个特点：

1. 主体钢框架结构采用双向井字梁上铺压型钢板－混凝土组合楼盖结构，结构体系选择合理，结构抗侧性能良好，能满足文物建筑遗址保护的要求。

2. 基础采用人工挖孔桩，桩基之间设后张法有黏结预应力混凝土环梁，对于该类塔形框架结构及复杂地质条件是安全及合理的选择。

3. 造型复杂的仿古楼阁式塔，钢结构节点构造复杂，选择受力明确、构造合理的节点形式尤为重要。

雷峰塔之春

第五章　雷峰新塔设备设计

第一节　电源及供电系统设计

一、电源负荷：

名称		设备容量（KW）	计算容量（KW）	备注
照明		219.79	175.80	塔体内
冷水机组		129.46		塔体外
动力	电梯风机			塔体内

二、供配电系统

电源采用 YJV-!KV 型低压电缆到配电室，再分配到各层配电箱，作为动力、照明电源。消防用电和电梯用电采用双回路供电系统，末端互投。

三、照明用电系统

塔内照明按 150-200Lx 设计，包括塔内照明、塔体投光照明、室外庭院照明等。可采用荧光灯、节能筒灯及花灯等灯具。

四、消防系统

遗址展厅及塔身各层均设有烟感探测器，各层设有消火栓及手动报警按钮盒，遇有火灾时，将报警信号引到消防值班室火灾报警器、水泵房，显示火灾位置。

同时各层所设广播喇叭，火灾发生时切换作消防广播。

五、电话系统、电视系统

各层均设有电话，采用 HPW-50（2×0.5）电话电缆引到电话组线箱，再分配到各层值班室。

电视信号接口，采用分支分配方式引到各个房间，干线采用 SYV-75-9，支线采用 SYV-75-5，穿钢管暗设。每层及各个值班室、办公室各设一个电视信号出线口。

六、防雷系统

该塔按二类防雷设计，塔体各层屋檐装有避雷带，与各层柱梁结构联为一体。与基础接牢，接地电阻小于 1Ω。在配电室外做重复接地一组，接地电阻小于 1Ω，引入配电室，电源采用 TN-C-S. 接地系统。塔内低压配电系统按三相五线制，做好接零保护。电器设备外壳、电缆管线外皮等金属物应可靠接地，做等电位连接。

第二节　消防系统设计

一、火灾自动报警及联动系统

塔内所设烟感探测器，遇到险情，可将报警信号传到消防值班室的火灾报警器上，并显示火灾位置。

空调系统设有火灾自动断电保护连锁装置。火灾时消防中心关闭70℃防火阀，空调机组、排风机等即停止运行。

二、自动喷洒灭火系统

该系统设有湿式报警阀，各层设有自动喷洒头、水流器、信号阀，可将信号送到消防控制中心。

各层设有消火栓，消火栓箱内配有消防报警和消防水泵启动按钮。

每处消火栓箱同时配备2个干粉灭火器。

三、安保系统设计

在新塔入口及各层楼梯口设有保安摄像装置，在值班室可监视现场动态。

在遗址周围的玻璃保护围栏上设有防冲击探测器。

第三节 空调系统设计

在雷峰新塔内设空调的部位有三处，即遗址展厅上层、下层、塔身一二层之间的暗层，采用风机盘管的空调方式。

一、空调冷热源

用热泵式风冷冷水机组制备 7-12℃ 的冷水供给空调末端的设备。热泵式风冷冷水机组蒸发器进水温度 40℃，出水温度 45℃。冷水机组安装在塔外的水泵房。

二、供水系统

空调所需之水为双管制，夏季的冷冻水和冬季的热水均采用调频变速控制装置来补水定压，超压时通过安全阀泄压。冬、夏季，冷、热水工作之后均流到集水器，通过加压泵，回到风冷冷风机组。

三、自动控制装置

通过设于空调机房的中央控制站，远程控制冷风机组及空气处理机组（仅用于需要设排风系统的房间）。空调机组设有自动调节阀，分水器与集水器间设有电动旁通阀以保证冷水机组的运行。此外还有空调机组上的电动两通调节阀、过滤器超值报警阀等。

第六章

雷峰古塔考古发掘

第一节　雷峰塔遗址地下遥感考古 [1]

雷峰塔是否存在地宫一直是现场考古工作所关心的话题,若盲目挖掘可能破坏塔基。为了弄清塔基情况,确定有无地宫,首先需要对古塔地下进行无损探测,地下遥感考古专家于 2001 年 2 月对雷峰塔塔基中心部位进行了地质雷达探测,明确了地宫的存在。

雷峰塔地宫的埋深估计在 5m 以内,故此,探测使用了精度较高、探测对象尺寸较小、探测深度较浅的 250MHz 屏蔽天线。

在雷峰塔探测点由于探测场地小,直径仅为 4m 的圆形区域,根据推测,如果存在地宫的话,应该在中间部位,为此布置了四条呈"丰"字形的地质雷达测线。测线间距为 1.5m,测点间距为 0.0-0.05m,作 128 次和 1024 次叠加。采用剖面法进行测量。

从雷峰塔塔基内的一条地质雷达探测剖面的雷达波记录图像上,可以看到在剖面中心位置为 1.0-2.8m 纵向深度 1.3-2.6m 处,雷达波同相轴错断;在水平位置 1.5-2.4m 纵向深度 2.6m 处有一双曲线型拱起的反射波同相轴,塔基中心位置的雷达波图像与周围介质的雷达波图像的差异非常明显,根据经验判断,雷峰塔塔基中心地宫的存在是不容置疑的,具体范围在测线位置 1.0-2.8m,纵向深度 1.3-3.1m 的位置。依此,向浙江省考古部门提交了初步探测成果,为雷峰塔地宫的考古挖掘起到了指导作用。

事后,从浙江省文物考古研究所挖掘后反馈的信息表明,地质雷达探测成果资料非常准确,水平位置 1.0-2.8m,纵向深度 1.3～2.6m 处的雷达波异常反射,是由夯土层引起的,夯土层和人工烧制的黏土砖间存在着一定的物性差异,包括电导率、相对介电常数、均一程度、密实程度等方面,这些差异的存在直接影响着雷达反射波信号。水平位置 1.5-2.4m,纵向深度 2.6m 处的双曲线型拱起反射波同相轴是地宫顶板(石板)引起的。现场开挖发现地宫大小(包括地宫周边砖墙)为 0.9×0.9m,高 0.5m,这与雷达图像资料完全吻合。

---

[1] 本段引自祝炜平、黄世强、李江林《雷峰塔遗址地下考古研究》,原载《地球信息科学》第 2 期 2002 年 06 月。

第二节 雷峰古塔遗迹的考古发掘 [2]

一、发掘古塔塔身

为了配合雷峰塔重建工程，经主管部门批准，对倒塌 70 多年的古塔遗址进行考古发掘。在这项工作进行之时，设计方提出遗址的残迹应当包括遗址倒塌瞬间的状况，如除了残垣断壁之外，还包括能反映倒塌方向的残迹。考古工作首先是先清理散落的残砖碎瓦，然后逐步出现砖砌体，其中既有与地面垂直的砌体，也有一些倾斜的大块砌体，随着挖掘工作的深入，逐渐显现出塔体八边形的轮廓。

但每一面砌块残存形状各异，直到露出铺地砖，才能辨别出其结构面貌。由双套筒构成，中部为塔芯室，地上铺着平整的砖，四周有回廊，一层在回廊的南侧有砖踏跺，作为登塔的楼梯。砖套筒外壁之外有柱础石，标志着副阶的存在。

塔心室本身为小八角形，四个长边长 2.9-3.2m，对径为 4.5-5.4m，四个短边长 1.1m，内套筒厚 3.7m，回廊宽 1.8-2.3m，长边四壁开有从塔心室到达回廊的门洞。外套筒边长 10m，壁厚 4.2m，八个面每面均开有门洞，洞口宽 2.2m，由此可以通往副阶，南侧进门洞左转有踏跺 5 级，作为登塔通道的起点。

砖塔身四周，即副阶所在位置，遗址中发现了副阶柱础 24 个，分别设置在 8 面，将每面分割为相等的 3 开间，间宽 5m。塔身距离塔基边缘宽 5.7-5.9m，副阶柱础为 1.45-1.55cm 见方的石块，厚度为 0.4m。副阶进深约 4.3m。

副阶四周继续发掘，出现了塔基的轮廓，东侧有两层塔基，西侧因山就势只有一层，东侧两层塔基做法不同，上层为须弥座式，侧壁用石材砌出仰俯莲和束腰，有的表面还有雕刻，最美观的是一块带有摩羯文的石板（图 6-2-1）。下层仅为简单的台子，用石块砌筑。塔基平面为八边形，对径 36-37m，每边长约 15m，台基高出地表 0.9-2.7m，西高东低，土台四周用砖石包砌。最外一圈塔基边长 17m，对径 41m。

地宫从地面看，一点痕迹都没有，但遥感反映塔心室中央有地宫，要不要挖

---

[2] 本节内容引自 黎毓馨《杭州雷峰塔遗址考古发掘及意义》《中国历史文物》2002 年第 5 期，4-12 页。

掘？当时社会上、文物界两种意见展开了争论。有的反对地宫发掘，理由是目前保护出土文物的技术不成熟，发掘出来的出土文物，不能得到有效保护，容易损坏。但社会上、文物界大多数人赞成对雷峰塔遗址进行地宫发掘。这种意见的代表性观点认为雷峰古塔倒塌，遗址在露天经70多年风霜雨雪摧残，地宫可能进水，这会加速地宫文物损坏，把地宫里的文物挖出来，这是抢救性保护。地宫文物经整修可以向公众展示，使群众目睹千年珍宝，提高对杭州历史文化的认知，进一步增加雷峰新塔的文化底蕴，提升新塔的吸引力。发掘地宫是雷峰塔遗址考古发掘的重要组成部分，也是对古塔遗址考古发掘的一贯做法。这样的观点得到了建设方的支持，并决定发掘地宫。

[图 6-2-1] 摩羯纹石板

二、发掘古塔地宫

1. 开启地宫

雷峰塔地宫发掘工作，排除各种干扰，在浙江省文物局大力支持下，顺利开挖。

考古队把开挖地宫的工作分成两个阶段进行，第一阶段是找到地宫，先把塔心室地坪上的砖小心取走，每块砖都编上号，准备复原时用。第二步，在塔心室正中挖一个 3m 见方的土坑，一直挖深度 2.5m 左右，看到有一块约 1m 见方的大石板，盼望多日的地宫终于露了头，石板上压着一块据称重达 750 公斤的巨石（图 6-2-2）。地宫为用砖砌筑的方盒子，盒子中部空间仅长约 0.5m、宽约 0.5m，深度约 1m。

2000 年 3 月 9 日进行地宫发掘，发掘的步骤是先移开地宫口的大石板和压在石板上的大石块。考古队员用来提拉石块的工具是铁链和辘轳，对于如何提拉石块，考古队事先还专门进行了演练。制定了发掘预案，以保障不论遇到什么情况都能顺利发掘。在上午九点半左右，大石被吊起，立即在下面垫一排钢管，大石块落在钢管上，以保护下面的地宫。紧接着，起吊了正方形石板，这块石板 93cm 见方，13cm 厚。石板上面堆了厚厚一层土，还洒落着几十枚钱币，据考证，那是五代十国时期吴越国流通的钱币 —— 开元通宝。从这些夯土和大石板黏接紧密程度分析，地宫应该没有被盗掘过。当考古队员清除了盖板上干硬的堆土和石灰后发现，盖板周围还有平铺的一层砖，两者结合紧密，这些砖应为当年盖板放好后才在其周围砌筑的，砖的放置方法是三面都朝着地宫方向垂直砌筑，类似清代建筑散水中的"一封书"，有一面采用顺砌。整块石板被顺利搬开后，地宫便显现出来。

地宫只是一个竖穴，深 72cm。平面为方形，边长 60cm（图 6-2-3）。四壁及底面均用砖砌筑，表面涂抹石灰黄泥。地宫内最大的物品是一个铁函，高 53cm、长宽都是 44cm。铁函周围的空间填满各种大小不同的礼佛贡品，其中有一尊较大的铜佛像，像高约 68cm，共有两层底座。底座上有一条龙，龙上有一

[图 6-2-2] 地宫上压盖的石板

[图 6-2-3] 地宫开口

莲花宝座。佛像朝向东南，与雷峰塔当年主入口朝东的方向一致。四角有四面圆形的铜镜，铁函与墙壁间有大量钱币（图6-2-4）。遗憾的是，地宫里非常潮湿，有进水的痕迹，这使得铁函锈迹斑斑，很难一下取出，据估计佛舍利即藏在铁函内。中午时分，第一件文物——铜镜被顺利取出；陆续发掘出木质佛像底座、铜质镶嵌物、铜镜等。

为了保证大铁函的提取万无一失，并确保发掘现场的安全，考古队决定实行封闭式发掘。直到第二天凌晨，铁函才被移出地宫，抬到地面。以后则将铁函以及其他文物送到相关技术部门进行除锈、开启等一系列的工作。

2. 科学清洗出土文物

据刘莺《雷峰塔地宫文物清洗和保护》[3]一文介绍，"雷峰塔地宫共出土文物51件（组），根据材质的不同，分为金银器、铁器、铜器、玻璃器、玉器、丝织品、经卷等"。铁函上部为盝顶形铁罩，下部为托盘，两者在连接处各开8个小圆孔，用铁丝穿过圆孔固定。

铁函外表锈蚀并与供奉的丝织品、土壤等结成一层致密的锈层。铁函的除锈工作"清洗时先用软笔蘸蒸馏水进行清洗，除去附着在铁函上的泥土，（然后）对铁罩上的锈花采用机械除锈的方法，一个一个进行清除……铁函本体保存尚好。因铁函体积较大，在严重锈蚀的地方，采用脱脂棉吸10%柠檬酸溶液敷在铁函表面，反复操作进行除锈，柠檬酸起到软化锈层作用。"[4]然后用碳酸钠溶液中和酸性。

对于铁函下部与丝织品黏接处，已经降解无法剥离，只好保留原状，"对于起甲的丝织品，采用毛笔蘸5%的B72（甲基丙烯酸乙酯/甲基丙烯酸共聚物70/30）的溶液进行加固。然后对整个铁函用15%的有机硅SII进行封护"[5]。

金涂塔是铁函中最重要的文物，也即放置舍利的容器，塔的内部有用黄金制作的小舍利盒，盒内藏着"佛螺髻发"。传说这就是吴越王钱俶不敢私藏宫中而要修建雷峰塔加以供奉的宝物。

---

[3] 刘莺《雷峰塔地宫出土文物的清洗和保护》，原载《东方博物》2004年第1期第74-76页。

[4] 刘莺《雷峰塔地宫出土文物的清洗和保护》，原载《东方博物》2004年第1期第74-76页。

[5] 刘莺《雷峰塔地宫出土文物的清洗和保护》，原载《东方博物》2004年第1期第74-76页。

[图 6-2-4] 地宫内的文物储存状况（浙江省文物考古研究所）

第三节　雷峰塔考古发掘的收获 [6]

雷峰塔遗址考古发掘，可以归纳为两个方面，一方面是对于探索雷峰塔历史具有重大学术价值的《华严经跋》及《庆元修创记》残碑等实物例证的出土，对于雷峰塔的建造年代、建造过程、建筑结构、历史上破坏维修状况等方面的信息也随之渐渐清晰起来。另一方面是出土了若干吴越王朝的文物，有的是鲜为人知的、绝无仅有的国宝级文物。

一、解开了千古之迷

尽管雷峰古塔家喻户晓，可是有关雷峰塔建造历史古代文献记载却众说不一，雷峰塔最初塔名、建造缘由，筹建、竣工的确切年月等历来难以定论，通过雷峰古塔遗址的考古发掘，获取了丰富的实物资料，使难解之迷有了可靠的答案。

1. 雷峰塔初名西关砖塔

在雷峰塔的塔砖所藏经卷中，卷首题款为"天下兵马大元帅吴越国王钱俶造此经八万四千卷，舍入西关砖塔，永充供养，乙亥八月日记（开宝八年，公元975年）。"从这一记载看，雷峰塔最初称之为"西关砖塔"，为何有此称谓？这与其所在位置有关，据《咸淳临安志》"城郭"一节载"唐昭宗景福二年，钱镠发民夫二十万及十三都军士，筑罗城，周七十里。"据《乾道临安志》载"钱氏旧门南曰龙山，东曰竹车、南土、北土、保德，北曰北关，西曰涵水西关，在雷峰塔下。"[7]明郎瑛《七修类稿》称"吴越西关门在雷峰塔下。"[8]据此可知西关即指杭州在城西的水关，西关砖塔是雷峰塔建设之初的称谓。

雷峰塔所存经卷编著者有幸见到一卷，是在1964秋天的一个早晨，梁思成先生约我到他家，研究上课需要为他准备的幻灯片，大约9点钟，中国佛教协会会长赵朴初先生来访，经过一番短暂的谈话之后，梁先生便找出他所收藏的装裱

---

[6] 本段有关考古发掘成果的部分内容，编者依据浙江省文物考古研究所黎毓馨《杭州雷峰塔遗址考古发掘及意义》写成。

[7] [宋] 潜说友撰《咸淳临安志》卷十八《疆域三》。《四库全书》。

[8] 原载俞平伯《俞平伯散文杂论篇·雷峰塔考略》一文，转引自浙江省文物考古研究所编《雷峰塔遗址》，文物出版社2005年版第250页。

精美的经卷，献给中国佛教协会。他一边展开经卷，一边讲述这一经卷的来历；是他赴美留学之前的暑假，母亲带着他和弟弟梁思永一起去杭州游西湖，他们到达西湖南岸的雷峰塔，便发现了塔上松动的藏经砖，随之发现了经卷，后来将它很好的保存起来，虽经抗战、逃难都能完好无损。与雷峰塔所藏四万八千卷之一经卷的偶然一见，使我与雷峰塔之间埋下了不解之缘，能为保护雷峰塔遗址，承担雷峰新塔设计，真是要托老师的福，托他热爱中国文物、潜心保护中国文物之福。

2. 雷峰塔正名为"皇妃塔"，而非"黄妃塔"

雷峰塔遗址出土钱俶《华严经跋》石刻残片中，明确记述该塔成后"塔因名之曰皇妃云"（图6-3-1）。在塔即将建成之时，爱妻亡故，于是将塔名定为"皇妃塔"，以纪念去世不久的妃子，同时感恩宋廷的封妃、谥妃之举。但许多史书记载有误，就连南宋成书的《咸淳临安志》都这样写："雷峰塔，在南山，郡人雷氏居焉，钱氏妃于此建塔故又名黄妃，俗又曰黄皮塔，以其地植黄皮，盖语音之讹耳。"[9]另外在《咸淳临安志》卷五也曾有过另一处记载"显严院，在雷峰塔，开宝中吴越王创皇妃塔，遂建院"[10]；这段是正确的。以后的史书多取"黄妃塔"的称谓：如明代的《西湖游览志》载"吴越王妃于此建塔，俗称王妃塔。以地产黄皮遂讹黄皮塔"[11]。明代的武林梵志也有如上之说。清代的《西湖志》引《咸淳临安志》认为是"钱氏妃于此建塔"，《湖山便览》则直言"雷峰塔，吴越王妃黄氏建"，此外还有一些诗词也称之为"黄妃塔"。从这些记载可以看出建塔之人从吴越王钱俶变成了"钱氏妃"，对于"皇妃"谥号讳莫如深，原因大概是谥号名头过显而犯忌讳。对于"皇妃"的由来，需要回顾吴越国与宋廷交往的历史；宋太祖开宝九年（976），妃子孙氏随同钱俶赴汴京朝觐宋太祖赵匡胤，同年三月，朝廷赐孙氏为吴越国王妃，当时宰相上言反对，"以为异姓诸侯王妻无封妃之典"，赵匡胤则说："行自我朝，表异恩也。"[12]此时宋已平定割据诸国，吴越国正处风雨飘摇之中，封妃其实只不过是恩威并施的手段。孙氏回杭不久，于当年十一月病故。次年（977）二月，刚接大位的宋太宗赵匡义遣官员程羽追谥孙氏为"皇妃"，此时正逢雷峰塔即将落成，于是钱俶将此塔定名为"皇妃塔"。

---

[9] [宋]潜说友撰《咸淳临安志》卷八二《寺观》八《佛塔》。

[10] [宋]潜说友撰《咸淳临安志》卷七十八，《寺观》四，《寺院》自南山净慈至龙井。《四库全书》。

[11] [明]田汝成撰《西湖游览志》卷三《南山胜迹》。

[12] 元脱脱等修《宋史》卷四百八十，列传第二百三十九，世家三，《吴越钱氏》。《四库全书》。

人死后，朝廷赐谥号一般都要高于生前所赐的封号。孙氏生前宋太祖赵匡胤赐封号"王妃"。死后，宋太宗赵匡义赐谥号为"皇妃"，符合传统习惯。但由于有宰相反对，故史书记载时这样来写："敕遣给事中程羽来归王妃之赠，谥王妃曰□□"[13]，有意模糊，为将"皇妃塔"改作"黄妃塔"设下伏笔。

雷峰塔遗址考古发掘结束、考古成果公布已有十多年了。但近年出版有关介绍雷峰古塔的书报中，仍有把雷峰古塔说成王妃塔，并说雷峰古塔是钱俶为庆贺王妃生子所建之类的谬误。

至于"雷峰塔"之名又是因其所在之山被称为雷峰而得名，也可以说是俗称而非"本名"。

二、明确了建塔时间

据塔砖所标的纪年可知开始建塔的时间，在地宫的考古发掘中得到的纪年砖上刻有"辛未"（971）、"壬申"（972）的年号，这是烧砖的年代，雷峰塔的开工时间起码在973年以后。

落成时间从钱俶所撰之跋文可知其妃子病故为宋太祖开宝九年（976），第二年（太平兴国二年二月，公元977年2月）被追谥为皇妃，钱俶最后定塔名为"皇妃塔"。将《华严经跋》刻成石板，镶嵌在塔壁上总需要有半年时间，因之雷峰古塔落成的时间最早应在太平兴国二年秋（977）秋。

通过考古发掘清晰地看到了这座古塔的平面型制，即为一座八边形、采用砖砌双套筒结构，外加木构副阶的楼阁式塔，副阶地平高出室外地平。中部的塔心室为非等边的小八边形，在东西南北四个方形设有走道，与塔体内回廊相通，内回廊在八边形的每一边皆设有走道通向副阶，但这几处走道的标高高出副阶，只有南侧可以从副阶地平沿着踏步登塔。外套筒的砖砌体非常厚，登塔的踏步开始自南向北走过一段长达5.4m的通道，即塔壁外套筒的厚度，到达相当于内回廊的位置之后，便转折90°，开始沿着回廊中布置的踏步前行，走过残存的5步（高

[13] 吴任臣撰《十国春秋》卷八十二，吴越六。《四库全书》。

始因名之曰皇妃云吴越国王钱俶拜书于经之尾

[图 6-3-1] 雷峰塔遗址出土的吴越国王钱俶《华严经跋》残碑（浙江省文物考古研究所）

身應現使之然耳頃元爰有所不
合力於彈指頃紋出旺方信多
出沒人間凡二世然後圓滿
鈸六百萬視會稽之應夫塔
油鐵瓦石與夫工藝像說
七級梯旻初志末蒲
始以乎四十三磬為
無宏麗極所未見
柔蠹珪貝劍窣波
螺髻髪猶
氏之典苟益
滿機之暇四
祖宗師仰
泰嗣玉圖承平

1.25m）之后，踏步缺失，大约还有两步（高 0.25m），便到达了相当于第一层塔心室地平的标高，围绕塔心室的内回廊在距离副阶地平 1.5m 高的位置，在西、北、东 3 个方向可通往塔心室。同时在西南、西侧、西北、北侧、东北、东侧、东南 7 个方向都有通往副阶的通道，由于内回廊地平高于副阶地平，两者并非直接可以通达，从室外看，内回廊地平高度相当于窗台的标高。当年从塔心室往上登塔可能使用木楼梯来解决，木楼梯占用内回廊的部分空间，每层在内回廊布置楼梯两个梯段，朝一个方向盘旋，登塔时在内回廊走过一段楼梯，进入塔心室礼佛，然后再从对称的方位走另一段楼梯继续往上攀登。这样的实例如杭州六和塔所见。

三、出土了重要文物

雷峰塔下的地宫被打开后，发现其中陈放着大量的供奉品，最重要的是装有佛螺髻发舍利的金涂塔，还有带莲花座的青铜镏金佛像等珍贵文物以及数千枚"开元通宝"古钱币等。

1. 地宫铁函内的金涂塔

在地宫内埋藏千年的铁函，随着雷峰塔的考古发掘工作的进展，于 2000 年 3 月出土了，铁函高 50cm，重达 100 多公斤。表面锈迹斑斑的铁函，经过文物保护工作者的除锈、清洗之后被打开。函内有一座平面为方形、高一层的金涂塔。用纯银铸成，表面鎏金，塔高 35cm，底边长为 12.6cm。金涂塔由基座、塔身、塔刹组成（图 6-3-2）。

此基座采用须弥座式，须弥座的上枋、下枋各有 3 层线脚，层层稍内收，其中的第二层线脚表面划分成方格。中部的束腰较宽，每面有 4 组壸门，壸门内各置小佛像一尊，壸门之间的壁面上下铸有仰覆莲，中部开小窗。

塔身的四面饰有佛本生故事题材的透雕，通过塔四面透雕的镂空部分可以看到塔内藏有"佛螺髻发"的金质容器，形如棺状。塔身的四角铸有金翅大鹏鸟，四面铸有透雕式的佛本生故事，有"舍身饲虎""割肉贸鸽""月光王施首""快目王施眼"等。

"舍身饲虎"的故事讲的是国王摩诃罗陀有三个王子，三人出游，看到悬崖下有一只母虎和7只小老虎，饿得奄奄一息，顿生怜悯之心，但三人想不出什么好办法，小王子摩诃萨埵跑到旁边纵身跳崖，并刺破喉咙，流出鲜血，激起母虎嗜血的天性，老虎被救活。最后两位兄长发现三王子被老虎吃得只剩残骸，无法挽救。二人回宫禀报父王、王妃，众人皆痛心不已，最后收拾了三王子的骸骨修起一座舍利塔来供养，摩诃萨埵从此成佛。金涂塔的画面中部坐着的大人物应为摩诃罗陀，画面下部可见三个王子、母虎、几只小虎。

"割肉贸鸽"的故事讲的是尸毗王发誓求佛道，帝释为检验其诚心，自己化作鹰，让毗首化作鸽子，鹰要吃掉鸽子，这时鸽子飞到尸毗王处求救，尸毗王决定割肉救鸽，需要割下与鸽子重量相同的肉，平的一端是鸽子，把割下的肉放在天平另一端，结果全部割完还不够，尸毗王只好坐上天平，以整身相施，王的行为感化了天地诸神，帝释以神力恢复尸毗王身之肉。在金涂塔的画面中可以看到中部高大的人物即为尸毗王，王的左手正在保护着鸽子。

"月光王施首"的故事讲的是月光国国王治国有方，人们生活美满，月光王阎浮提经常施舍给有困难者，深受臣民爱戴，并设大檀施，称可以施舍任何东西。其旁边的一小国王毗摩斯那十分嫉恨，以重金招募婆罗门劳度差，让他去要求月光王施舍其头，月光王公然答应。毗摩斯那得知后异常兴奋，呕血而亡。金涂塔的画面中部大人物站立手持尖刀，作准备割首状。

"快目王施眼"的故事讲的是富伽罗拔国的国王快目王，为了求佛道，广行布施，深受百姓爱戴；其相邻小国的王波罗拖拔弥，荒淫无道、作恶多端，百姓苦不堪言，快目王决定前往讨伐，波罗拖拔弥极度恐慌，募求一波罗门盲人，前往富伽罗拔国祈求快目王施眼，快目王应允，挖下眼睛而无悔恨之意，帝释得知便将快目王双眼恢复如初。波罗拖拔弥闻讯得知阴谋失败，气绝身亡。金涂塔画面中部可见快目王双手托着被挖的眼，挖眼者在王对面挥刀。

塔身上部的屋檐斜伸向上，表面有卷草纹装饰，中部作人脸形，花纹起伏有

208

[图 6-3-2] 金涂塔 (浙江省文物考古研究所)

致，装饰效果较好，四角置山花蕉叶，山花蕉叶每片叶子朝外的一面有 4 组佛传故事画，从释迦牟尼诞生到圆寂共 16 幅。朝内的一面也有释迦牟尼的几个说法、坐禅等故事片段，浮雕人物生动活泼。

塔顶中部立塔刹，塔刹下部有带莲瓣的矮座，中部环绕刹杆有 5 道相轮，刹杆顶铸成宝瓶托着火焰、宝珠。相轮表面有卷草纹、连珠纹。

2. 释迦牟尼佛像

同时还出土铜质镏金造像，其中的释迦牟尼佛像最有特点，佛像本身跏趺而坐，后有火焰纹背光，下为莲花形座，再下由一条奔跑着的盘龙柱顶着莲座，最下为长、宽、高不等的三层基座。像通高 68cm，其中佛像本身高 19cm，正面最宽处 11cm，侧面最宽处 8.6cm。莲花座直径 15.8cm，高 7.2cm。盘龙柱高 11.6cm，龙爪向两侧伸展的宽度达 13cm，下部基座为长方形，最下层长 24.6-26cm，宽约 15cm，上部两层收小（图 6-3-3、4）。

这尊释迦牟尼像从上到下的处理都颇具独创性；佛像的背光为"佛菩萨背后之光相，象征佛、菩萨之智慧"[14]。背光又称"后光、光焰、光，背光可分为头光与举身光二种；（1）头光，指发自眉间之白毫光……（2）举身光又作身光，即佛像全身之光相，以表示佛身为光焰环绕之意。"[15] 这尊佛像的背光，应属"举身光"一类，这种背光的佛像较为少见。佛像下部处理也独具特点，通常将佛像置于莲花座上，莲花座则安放在几何形的基座上，莲花本身常常进行程式化的处理。这尊佛像下部以一朵写实的莲花为座，并与最下部的基座之间脱开，而用一根缠龙柱支托，这种处理甚为鲜见。莲花确实与佛有着深厚的渊源，据考证"中国的早期莲花造像来源于古印度……应当是接受古印度俗信神拉克希米、印度教大神梵天造像的影响。莲花在古印度神话中象征创造，拉克希米是从莲花中诞生的，梵天也是创造世界的大神……中国的莲花座造像，应当是这一系列演变的结果……就中国早期传播系统和地理分布来看，莲花座佛像仅仅流行于长江中下游的荆楚江浙等地……很可能是直接从印度经南海传入中国的"[16]。莲花在中国佛

---

[14] 丁福保转译《佛学大辞典》，中国书店出版，2011 年 7 月。

[15] 台湾星云法师监修，慈怡法师主编《佛光大辞典》，北京图书馆出版社，2005 年 8 月。

[16] 丁福保转译《佛学大辞典》，中国书店出版社，2011 年 7 月。

210

[图 6-3-3] 释迦牟尼像（浙江省文物考古研究所所）

[图 6-3-4] 释迦摩尼像所置承托莲花座的缠龙柱（浙江省文物考古研究所）

教的传播中认为"诸花之中，莲花最盛"[17]，"故十方诸佛，同生于淤泥之浊，三身正觉，俱坐于莲台之上"[18]。这尊佛像下部的缠龙柱似乎越出了佛教的审美范畴，而是将中国人对"龙"的情感献给了佛。这种缠龙柱在宋代文献《营造法式》中有过记载，可施之于佛道帐和经藏柱之上（图6-3-5）。现存的建筑实物见于山西太原北宋时期建造的晋祠圣母殿，大殿的外檐采用了缠龙柱，时间晚于这件支撑佛像的缠龙柱。综上所述，说明雷峰塔地宫出土的这座造像具有极高的价值，同时也反映出吴越时期匠师们的创造水平和高超的造像制作技艺。

[图6-3-5] 缠龙柱（《营造法式》）

3. 铜镜

出土的铜镜有10件之多，其中最具特点的有两面，一面为"瑞兽铭带镜"，这面铜镜外轮廓为圆形，镜面直径为10.3cm，镜背直径9.9cm，厚0.6cm。

镜子正面的光面上刻有细细的线纹，表现的是人物故事，题材明显体现着"上天"故事情节。画面分成前后两组，前部一组为8人分成左右两组，皆站在祥云云朵之上，男左女右，各有两主两仆，走向中部摆放供品的圆桌；背后有两座楼阁，闪出一角，楼前有两棵高高的树，左边的树梢上有一条飞舞的祥龙，右边的树前有一只展翅的凤。后部一组的人物、鸟兽、乐器皆缩小，居中者为一男一女，正在一团大大的云朵上漂浮，其头上有琵琶、腰鼓之类的乐器及瑞鹤，最上为北斗星、月宫、仙人之类。镜子的背面中央有四只瑞兽，周围有一圈铭文带"光流素月，质禀玄精。澄空鉴水，照回凝清。终古永固，莹此心灵。"两者之间及铭文带之

---

[17] 僧叡《妙法莲华经后序》，《大正藏》卷9，第62页。

[18] 《诸经要解》。

外皆有圆环线脚衬托（图 6-3-6）。

此外，还有若干精美的镏金银器、银饰品。鎏金的银盒，其上饰有繁缛纤细的双凤缠牡丹纹样，四周等距分布着"千秋万岁"四个楷字。银盒旁绕着一根皮腰带，上面还镶嵌有 12 件十分精美的银质饰品。还有一件银饰片，由一对鎏金鸳鸯与银荷叶条纹组成，极其精美。

考古界对雷峰塔地宫发掘出的文物给予了很高的评价，认为其填补了五代十国时期佛塔地宫考古的空白。地宫内出土的文物等级高、制作精，代表了吴越国金银器、玉器、铜器制作的最高工艺水平。其中的金涂塔、释迦牟尼佛像等皆列为国家一级文物。

[图 6-3-6] 铜镜（**浙江省文物考古研究所**）

下篇

雷峰新塔施工

由于雷峰新塔是一座保护古塔遗址的建筑，并且采用了现代结构和材料，所以实际是一座现代建筑，绝非过去仿古建筑包给一家"某某古建公司"所能完成的，它的施工项目是由若干工种组成的，参与这座塔的主要施工单位有钢结构、铜装饰、土建工程公司，以及一些专业厂家如电梯厂、照明公司、室内装修公司等。参加建设的主要公司如下：

1. 主体结构制作：浙江精工钢构公司

2. 结构安装：上海中建三局第一建筑安装工程公司

3. 桩基基础施工：杭州地基基础工程公司

4. 铜装修：金星铜工程公司、金铜世界公司

5. 室外土建工程：北京市第二房屋修建工程公司、浙江温岭古建工程公司、浙江省东阳木雕古建园林工程有限公司

6. 室内装修：浙江亚厦装饰集团公司

7. 照明工程：杭州电器有限公司

8. 电梯：杭州西子电梯厂

雷峰塔重建工程，在施工中始终以保护遗址为首要，向参加雷峰塔建设工程的所有人员宣传文物保护的理论，普及文物保护知识，提高文物保护意识。在实施施工方案的过程中，坚决贯彻了"保护雷峰塔遗址是第一位的、是重中之重"这一指导思想。

2000 年 12 月 26 日，雷峰塔重建工程正式奠基。

第七章　雷峰新塔桩基施工

序

　　夕照山地质条件很差，据传远古时，西湖是海湾，凸入湖内的小山其实是海边礁石。地质勘探证明确实如此，都是强风化石灰岩、中等风化燧石灰岩，裂隙较发育，裂隙多被方解石脉充填。岩溶较发育，发现的溶洞很多且大，还有鼓石。

　　为了最大限度保护遗址，桩基施工决定采用人工挖孔灌注桩，这种方案施工难度非常大，但质量好，没有振动，没有噪音。按设计要求，每根桩都要进入中等风化基岩，全断面不少于 0.5m，也即桩嵌入基岩最浅处不少于 0.5m。还要求持力层基岩深度不少于 2m，就是要求桩底之下的岩石在 2m 内没有裂隙、没有溶洞。

　　为此浙江省工程物探勘测院对每个桩孔位置都进行了勘探，取得了准确的地质剖面的详细数据。

一、桩基测量定位

1. 桩位和桩顶标高的控制

　　根据设计图纸，确定施工需要的控制点，用全站仪精确测放桩位，在每根桩距桩中心的两个正交方向上，打下 4 根钢筋作为控制桩，使 4 根钢筋的连线正好交汇在桩位中心，施工过程中用其控制桩孔内护壁模板的中心。护壁拆模后用水平仪测量孔口高程，建立成孔的高程系统。

2. 施工中确保桩位准确

　　每一根桩均由控制桩来确定桩的中心位置，要求两个正交的十字线的对中，误差达到国家标准。

二、人工挖孔灌注桩的护壁施工

1. 混凝土护壁的施工程序

施工时先按设计桩的直径以及周边预留护壁空间，确定施工的桩孔大小，于四壁绑扎钢筋、支模板，然后浇灌混凝土，形成护壁。待混凝土达到强度，拆除模板，再进行下一节施工。第一节完成后，再挖下一节，每挖一节的周期夏季不少于 24 小时，冬季不少于 48 小时。各段桩孔的外壁依据测放的桩中心位置，边开挖、边调整，确保挖孔孔壁垂直、直径达到设计要求。

2. 护壁砼浇筑质量控制

护壁采用 C20 细石砼，要求级配合理，坍落度适中，采用商品砼。浇捣时分层浇筑，先用钢筋插捣密实，再用插入式振捣器振实，振实过程中应注意保持钢筋在护壁的中间，防止钢筋过于靠近土壁或者模板一侧。

3. 挂筋设置

为防止各节护壁之间因下沉而脱开，需自顶到底采用挂壁钢筋，要求各节挂壁钢筋环环相扣，自上而下形成整体。

4. 嵌岩施工

开挖进入中风化灰岩或燧石质灰岩后，因岩石质地坚硬致密，需采用风镐式手提电钻，同时必须确保桩孔直径。如果孔底或附近有溶洞存在，则继续开凿，直致桩端坐落在坚实的岩层上，进入中风化岩层后，并及时通知监理工程师验孔，以确定进入岩层深度。

5. 清洗孔壁

用高压水枪（消防枪）冲洗护壁上的砂石和泥土，以确保桩身砼和护壁混凝土形成整体，清洗后应及时抽干桩底部积水。

6. 及时封底

为防止桩孔底部中风化灰岩因长时间受积水影响和受风化而降低承载能力，便采用混凝土封底，并用振捣器振捣密实。

三、桩芯钢筋笼制作和安放

1. 对施用材料进行质量检验

钢筋进场时首先要进行质量检查，然后进行力学试验和焊接试验，检验合格后才能使用，对焊条也要进行质量检查。

2. 桩芯钢筋笼制作

钢筋笼主筋分布与加强筋的连接应在专用模具上点焊成形，以使主筋分布均匀、平直，确保其成形质量，再按设计间距缠绕螺旋箍筋。点焊时要合理选用电焊电流，以免烧伤钢筋。

3. 钢筋笼质量检查

每节钢筋笼制作完成后，均需要检查钢筋笼长度、直径和主筋间距、箍筋间距，同时还要检查其外观情况是否符合规范要求，按规定对焊接接头抽样检查，检查其焊接质量和强度。经验收合格的每节钢筋笼使用前平放在场地上。为防止平放自重变形，采用十字钢筋撑将其加强箍筋撑好。

4. 钢筋笼入孔前的调整

钢筋笼入孔前要调直，孔口焊接时，上下钢筋笼要保持同心，必须用水准仪测量桩位孔口标高，并核实吊筋长度，用足够强度的杆件固定在孔口上。钢筋笼最后平面定位依据四个控制桩的十字线确定，误差小于国家标准。

四、浇灌桩芯混凝土操作程序

1. 桩芯混凝土灌注方法

由于本工程桩的深度较大，为了防止混凝土下落过程产生离析现象，需采用可靠的灌注法输入，桩芯每 1.5-2.0m 范围内的混凝土应连续灌入，振捣器插捣密实。孔内混凝土面离地面 4m 以内的范围，可以拆除导管，直接浇灌，应特别注意桩顶混凝土振捣密实，并注意桩顶混凝土的养护措施。灌注混凝土过程中应随时检查混凝土的流动性、和易性，定时测量混凝土坍落度。

2. 桩顶标高控制

应严格控制桩顶标高，并在浇灌 1 小时内将桩顶振实、抹平，同时用水准仪测量成桩后的标高，以满足设计要求。

五、桩基的验收与检测

1. 护壁混凝土工程

人工挖孔桩施工从挖孔、下钢筋到浇灌混凝土的每道工序都有检测，工程施工中有若干份隐蔽工程验收记录和检验报告。每道工序经监理和建设单位验收，证明符合设计要求后，填好隐蔽工程验收单，传真到北京清华大学设计研究院，设计人员确认签字，再传回来，才算完成。

2. 桩身质量检测

每根桩要做一组混凝土试块，并对其进行标准养护，以检查桩芯混凝土强度是否满足设计及规范要求。

桩基施工完成后，按设计要求，进行低应变反射波法检测，检验桩身质量和桩身砼波速。检测后质量完好，全为 1 类桩。同时对其中 8 根主桩，进行超声波透射检测，检测结果，桩质量皆均为 1 级。

对 8 根主桩中 4 根进行抽芯检测，检测混凝土桩芯的密实度、混凝土抗压强度、桩底沉渣厚度。结论是 4 根桩混凝土芯绝大部分呈圆柱状，表面光滑，骨料分布均匀，胶合较好，强度较高。抽芯检测 4 根桩各项指标、数据良好，符合 1 级桩标准。

第八章　雷峰新塔·主体结构施工

第一节　钢结构构件制作 [1]

一、结构概况

雷峰新塔为平面八边形的楼阁式塔，各层楼面均有平坐、腰檐、斗栱。塔主体分为塔基与塔身两部分，全都采用钢结构。主体结构属高层类框架结构，塔基柱子对角线最大跨度为48m。此工程开创了用钢结构建设古典形式的建筑之先河。由于塔平面为八边形，塔立面层层上收，钢结构柱子是由8根与地面成倾斜状的柱子支撑，而且随着楼层的变化，柱子与地面的角度也有变化，这样，就使得各楼层梁与柱联接处的节点形成三维空间状态，大大增加了柱梁节点的装配定位难度。

本工程主体承重结构的钢柱用箱型截面，最大为1200mm×800mm×36mm，钢梁采用焊接工字型钢梁，最大截面为1800mm×450mm×16mm×30mm，设计总用钢量为1318吨。楼面采用压型钢板与钢筋混凝土组合板。

二、制作工艺特点及难点

由于本工程的特殊性，钢结构的制作工艺复杂，难度大。

1.结构体系特点

结构体系为类高层钢框架结构，构件受力复杂，整个塔体由多节带有内倾角的箱型柱及转角工字梁组成，体型不规则，从上到下的尺寸变化大，构件规格种类繁多，且在安装前及安装过程中，各构件的受力情况与设计受力情况是不同的，施工过程中的主要施工工况均需计算核定。

2. 作业条件差

由于本建筑物位于雷峰塔原址之上，且四周皆为山林，施工时必须保证文物

---

[1] 本节选编自赵荣招、王宁、马瑛《杭州雷峰新塔重建的结构施工》，原载《钢结构》2003年第1期，40-42页。

不受影响。吊装限于塔基外侧进行，同时尽量避免破坏四周的花木，保护环境，施工场地狭小，而构件重量大，必须引进大型吊装机械。

3. 测量精度要求高

由于工程位于雷峰塔原址，现场四周均为受保护的林木，所提供的半永久性测量点无通视性，而塔身为八角形，柱子均有倾角，梁柱相交均成一定角度，故对轴线控制、垂直度控制、标高控制均有一定难度。为此必须在现场现通过 4 测量基准点，引测出 8 根轴线位置和相应标高基准点，并做好保护，每一层吊装时逐项加以复测，以保证各构件能准确就位。

4. 新焊接质量及工艺特点

根据图纸要求，本工程的对接焊缝要求为全熔透焊缝，焊缝质量为一级，同时各楼面梁与柱子的连接为栓焊混合连接，采用工厂焊接，焊缝质量等级要求为一级。为此，需选择合理的焊接工艺顺序，并采取有效措施，减小焊接变形及焊缝内力。

本工程的箱型柱截面大，其隔板与柱呈一定角度，拼装焊接工艺复杂，质量要求高。

针对以上特点和难点，精工钢构的项目指挥部和项目管理部在精心编制制作加工和安装方案与组织设计的同时，对以上问题做了重点研究，经过大量的计算和试验，确定了相关的制作加工措施。

三、构件制作

1. 箱型柱的制作

本工程的钢结构构件制作与一般高层钢结构工程相比，不仅箱型柱截面大（最大为 1200mm×800mm×36mm），还有以下几个突出的问题：

（1）由于箱型柱是斜置的，由此带来各道内隔板与窄箱柱成非垂直夹角，这不仅给装配带来一定难度，而且给电渣焊质量的保证带来困难，由于隔板是斜放的，使电渣焊的孔道截面不是正方形而是半梯形状，要使孔道完全焊透难度较大。

（2）在框架变形处截面形状复杂，要求计算准确、制作精确，特别是箱型柱外 3 个牛腿的装配焊接，各个牛腿装配时每个方向都要求有装配样板。

对于第一个问题在电渣焊时必须做到以下几点，以保证质量：

①采用高电压，低电流，慢送丝起弧燃烧。

②当焊缝焊至 20mm 以后，电压逐渐降到 38V，电流逐渐上升到 520A。

③随时观察母材外表烧红的程度，均匀控制熔池的大小。熔池既要保证焊透，又要不使母材烧穿。其控制措施是根据外表烧红的程度来调节电流大小；用风管吹母材外表，使其降温，并防止烧穿；用电焊目镜片观察熔嘴在熔池中的位置，使其始终处于熔池中心部位。

④保证熔嘴内外表面清洁和焊丝清洁，焊剂、引弧剂干燥、清洁。

⑤保证电源正常供电，特别是在用电高峰期，要防止因过载跳闸。

⑥为了使箱型柱变形一致，电渣焊时必须对称焊接，为此需用两台电渣焊机对内隔板的两侧焊道同时进行焊接。

对于第二个问题，在装配箱型柱牛腿时，须事先采用制作好的胎具定位，保证牛腿定位角度；以经过端面铣加工的上端面为安装基准面，作出牛腿定位线（标高线），保证好牛腿安装孔的位置尺寸。确保牛腿的定位尺寸及安装角度，使箱型柱的 3 个牛腿（主、次梁）上表面在一个平面上，以保证楼层高度和楼层板的平整度。在牛腿装配过程中，由于牛腿尺寸较大，为了防止焊接变形，定位焊比常规的要大的多，翼板两侧也需要点焊，在定位焊后使应力平衡（夹具松开后，不会产生反弹）；还必须在牛腿两侧加临时支撑进行固定。临时支撑在牛腿焊接以后，需等焊缝基本冷却后方可去除。对焊后变形的各牛腿板、节点板、耳板逐一采用机械方法矫正合格。

2. 构件的预拼装控制

雷峰新塔是在古塔遗址上重建，周围及地下均为受保护的历史文物，施工条件差，如现场安装时发现构件制作误差过大，则难以校正。为尽可能减少安装时出现问题，构件制作完毕后在工厂进行预拼装，合格后才准予出厂，到施工现场安装（图8-1-1）。

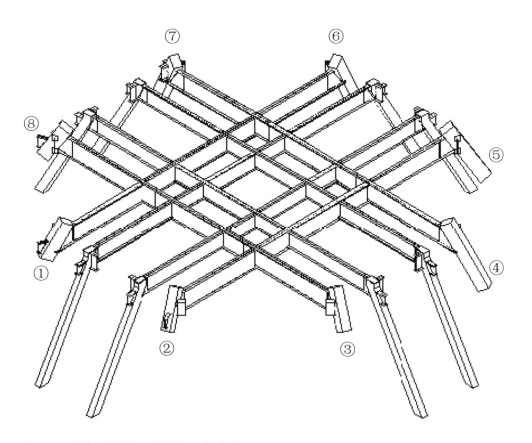

[图 8-1-1] 雷峰新塔结构预拼装图（精工钢构）

四、施工现场的焊接工艺

如何选择合理的焊接工艺是控制焊接变形和提高焊接质量的关键。以安装底层 33.8m 跨的楼面贯通梁为例，我们根据该梁的实际情况，制订了详细的拼装和焊接方案。

1. 主梁焊接

（1）先将楼层钢梁分区安装。

（2）对中央井字梁，由于跨度大，构件间相互作用较复杂，安装前在两根贯穿梁下分别设置了两处临时支承点，防止拼装及焊接时产生变形。

（3）栓焊混合连接节点处，先将腹板高强螺栓拧紧后，再焊接翼缘板处的对接焊缝，即采用先栓后焊的方法。

（4）同一节点处上下翼缘板对接焊缝先焊下翼缘，再焊上翼缘，以减少挠度。

（5）同一梁的对接焊缝按先中间后两端的顺序进行，以减小焊接应力。

（6）在工厂加工好主梁和柱的节点，主梁和主梁的连接焊缝经试验确定每个接头预留 2-3mm 的收缩量。

（7）安装主梁时用 1 台全站仪和 2 台经纬仪跟踪，检查钢柱的垂直度和倾斜度。

2. 焊接需注意的问题

（1）底层楼面：贯通梁的现场焊接对接节点有 4 个，左右分别有 4 根楼面梁与其连接，且上下翼缘均为焊接，所以在安装时梁下必须设置支承点，否则每一个连接节点施焊时都会导致梁下挠曲。待所有焊接完成后，拆除支承点。

（2）各层楼面：待压型钢板栓钉焊接完毕，浇注板面混凝土达到强度后，拆除梁下支承点。

经检验，梁的挠度在设计允许范围之内，所有焊缝经超声波探伤和 X 光拍片后，均符合一级焊接要求。

五、出厂前的工程管理

1. 严格的质量控制

在工厂内按照负责、务实、一丝不苟的精神，严格执行自检、互检、专检三道检查，对不合格产品决不流入到下道工序。同时，工艺技术部门也有专人在车间进行工艺巡查，及时指导车间进行生产，坚信质量是做出来的而不是检出来的理念，主抓过程控制。

2. 按照安装程序确定发货顺序

由于本工程钢构件规格数量多，容易混用、错用，在进行设计时，将所有构件在深化设计平面布置时用相应代号标出，同时在制作时，按图纸上的代号，用美国引进的 Ped－ding Haus 流水线进行数控编号。制作、发货顺序严格按安装顺序要求进行。由于前期准备工作充分，整个工程安装下来几乎没有构件发生错用、混用现象。

六、构件加工设备

该工程结构复杂，加工难度大，为此采用先进的钢结构加工设备及先进的三维空间设计软件。在工艺设计上采用了专用的装配工装，预留了焊接收缩余量，采用最先进的设备加工三维空间构件，其设备如下：

1. **数控带锯**：型号：SHN38/18/MC，对工字钢能自动测量（长度）、打钢印记、锯切。可加工 H 型钢最大尺寸 600×1200mm，锯切角度可自动调节，锯切速度：100～500MM/min，定位精度为 +0.02～-0.02mm。

2. **数控九轴三维钻**：型号 BDL1250/9，可对工字钢的翼板和腹板同时进行高速高效的自动铅孔；每维有 3 支不同直径的钻头，共 9 支钻可进行自动更换钻孔，重复定位精度为 0.01mm。

3. **数控锁口机**：型号为 ABCM1250/3，可进行工字钢端头各种形状与坡口的自动切割。可对 800×1200mm 以内工字钢进行加工。

第二节 主体钢结构的安装 [2]

一、结构主要构件特点

本工程由塔基、塔身及塔刹三部分组成，钢结构共分 8 层，塔基部分为 2 层，塔身部分为 6 层，外加塔刹。

由于该工程所有的主要受力构件钢柱并非垂直立于基础之上，而且倾斜的柱子斜度分成上下两段，其中塔基至副阶所用钢柱的倾斜度为 58.029°，塔身第二层以上所用钢柱的倾斜度为 84.056°。主梁与柱子搭接时，各层层高不同，随之柱的垂直高度也在变化，塔基一层高 4.9m，塔基二层高 5.6m，塔身副阶高 6m、塔身暗层高 6.71m，只有二、三、四层是等高的，五层又有较多变化。

各层塔身中心到柱外皮的半径尺寸也有变化；底层为 20.376m，一层为 16.170m，二层为 13.365m，三层为 10.229m，四层为 9.460m，五层为 8.692m，六层为 7.923m，七层为 7.694m，八层为 7.466m，屋顶 8 条屋脊汇合处为 2.329m。

二、工程特点及难点

1. 结构体系新且构成复杂

本工程为类高层型的钢框架结构，由内倾角多节箱型柱与转角工字钢梁组成，体型很不规则，从上到下的尺寸变化大，结构种类繁多；安装前，各构件的受力状况与设计受力状况是不同的，施工过程中的主要施工工况均需计算核定。

2. 现场作业条件差

如本章前部所述，安装机械限于遗址外设置；同时由于场地狭小，构件重量大，必须引进大型安装机械，必要时得采用机械与人工安装方法相结合的措施。施工时需要通过勘测院提供的 4 个大地坐标点，引测出塔身 8 根轴线的控制点，并作

---

[2] 本节内容引自揭志祥、汤克良、黎家东《三维坐标测量在雷峰新塔工程中的应用》，《施工技术》2003 年 11 月，第 13-15 页，编者对部分内容稍加改动。

好保护，才能保证各构件能准确就位。

3. 安装过程中对焊接质量及工艺要求高

柱身、梁身、短梁与柱间的连接基本采用焊接，对焊接缝要求为全熔透焊接，焊缝质量为一级。对此应选择合理的工艺顺序，并采取有效措施，以减少焊接变形及焊接应力。

4. 对构件进行严格管理

塔身各层构件较多，截面尺寸及长度各异，要求在制作和组装过程中必须严格管理，并须标出各柱节点处的三维坐标值，即柱轴线和柱截面的四角坐标，避免用错构件。在施工过程中采用分层分批运输及构件对号入座等方法来解决。

5. 工期紧

总工期4个月（120日历时）。为了迎接雷峰新塔2002年10月落成大典，整个塔的钢结构工程计划在4个月内完成。

三、钢结构安装的关键问题

鉴于以上情况，必须采用高精度的测量技术，才能保证斜柱子的空间几何位置。安装前首先绘制雷峰新塔结构的三维坐标图，在图中建立一个施工相对坐标系。

1. 施工场地总平面布置

施工场地四周为山林，为保证遗址（文物）不受影响和免遭破坏，将主要施工机械——300吨米塔吊H3/36B布置在基坑以内，原雷峰塔基础的外侧。详见施工总平面布置图（图8-2-1）及雷峰新塔首层结构示意图（图8-2-2）。

2. 钢结构安装过程中的三维坐标测量

本工程测量控制的难点是保证斜柱的空间几何位置。对于部分直柱，可采用常规的测量控制来进行，既在-10.5m基础地梁上测量出钢柱控制线，在安装时将柱底板的中心线与其对准，然后校正柱子的垂直度即可。对于本工程而言，重

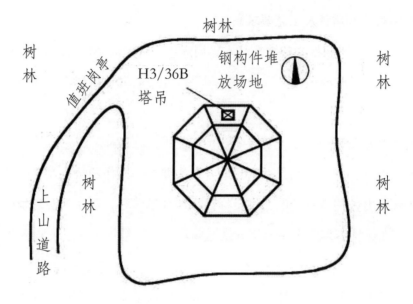

[图 8-2-1] 雷峰新塔施工总平面布置图

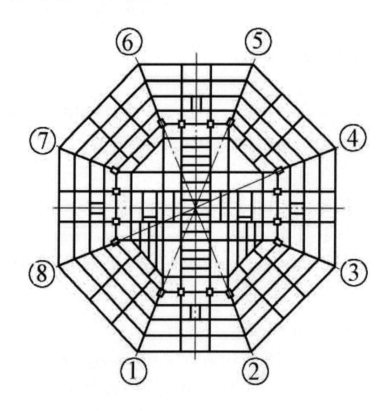

[图 8-2-2] 施工总平面布置图

点是如何控制带有倾斜角度钢柱的空间几何位置。

（1）绘制三维坐标图

在计算机上绘制出雷峰塔柱的三维坐标图。在图中建立一个施工相对坐标系，假设 -10.5m 层中心点的三维坐标为（100，100，0），依此在图中标出各柱节点处的三维坐标值。坐标值的表示分别为每根柱子节点处的中间控制轴线两点和柱子四角点的三维坐标值。以⑦轴为例，柱子节点处三维坐标控制点的三维坐标值见表 3.1——⑦轴柱节点处三维坐标值。在这里只表示 -10.5、-5.33m、两个柱子节点处的三维控制坐标（图 8-2-3）。

表 3.1 ⑦轴柱节点处三维坐标值表

序号	柱节点标高（m）	节点处各点 三维坐标	三维坐标值（m）		
			X	Y	Z
1	-10.5	1#	78.947	112.938	0.000
	-5.33	1#	82.001	110.992	5.805

（2）轴线控制点的坐标测量放样

本工程所用的测量仪器主要为日本 TOPCON 公司生产的 TOPCON601 型全站仪。由于本工程内部有原雷峰塔遗址，故不能在塔内利用圆心点设置测点，只能用外控法进行三维坐标测量。根据勘测院给出的大地坐标点，结合清华大学设计研究院设计的图纸，在场地四周的硬化路面上，放样出 8 个轴线的坐标控制点，对这些控制点进行测量平差后，将其作好表记。并通过坐标转换，将这 8 个点的大地坐标值换算成本施工坐标系的三维坐标值。轴线控制点图（图 8-2-4）所示。轴线控制点的坐标见表 3.2。

表 3.2 控制点三维坐标值

控制点编号	三维坐标值（m）		
	X	Y	Z
1#	82.171	56.957	5.285

注：其他各点的坐标同理可得

（3）基础地脚锚栓测量放样

在塔基地梁钢筋施工过程中，穿插进行基础地脚锚栓的预埋工作。首先，根据施工图计算各栓柱的地脚锚栓在本施工坐标系的三维坐标；然后在 8 个轴线控制点上分别设置测站，架设全站仪，以相邻轴线控制点为后视，通过激光接收靶，可测量放样出各柱底地脚锚栓。将测量好的地脚锚栓固定在专用支架上，专用支架与地梁垫层基础牢固地连接在一起。

（4）第一节柱安装测量放样

在塔基地梁混凝土浇注完成后，待地梁混凝土强度达到设计要求，即准备进行第一节柱子的安装。在进行第一节柱子安装前，必须先复核基础地脚锚栓的位

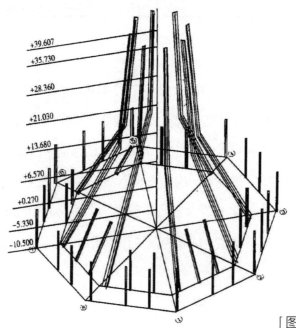

[图 8-2-3] 雷峰新塔柱子布置三维模型

置，经确认基础地脚锚栓的位置无误后，方能进行第一节柱的安装。柱子安装以⑦轴为例，现作一详细说明：

①测量仪器、工具的准备

在进行安装测量前，必须将本工程所使用的测量仪器、工具，送地方计量局或是计量局认定的检验单位去检定，合格后方能使用。

②三维坐标编程

输入测点7号点和后视点8号点的三维坐标值，并将要测量放样点，即图8-2-3中的点1的坐标值输入，进行编程处理。

③架设仪器，调整方位角

如图8-2-4、图8-2-5所示，在测站点7号上架设全站仪，在后视点8号点上架设后视站标。对中整平好全站仪后，对准后视站标，设置好测点7号至后视点8号之间的方位角。并在全站仪操作键盘上输入全站仪高和后视站标高。

④钢柱定位轴线控制的坐标放样

设置钢柱定位轴线的基准线。在混凝土地梁上，按照已输入的需要放样的在

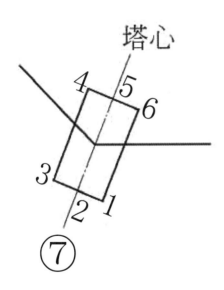

[图 8-2-4] 柱节点处三维坐标控制点图

图 8-2-3 中所示 6 个点的三维坐标，通过移动激光接收靶，放样在混凝土地梁上，校核 6 个点之间的几何尺寸，并作好标记，作为柱底安装定位的依据。

⑦号轴柱在 -10.5m 节点处三维坐标控制点图（图 8-2-5），柱节点、控制点三维坐标值见表 3.1 中序号 1 所示；测站点 7 号点和后视点 8 号点的三维坐标见表 3.2 中的坐标值。

（5）⑦号轴柱测量过程：

①安装第一节柱

在安装第一节柱前，准备好安装机具；有塔吊、钢丝绳、卸扣、钢尺、钢爬梯等。待安装钢柱的底部和上部的纵横中线做好标记。

a. 架设仪器

在测站点 7 号点上架设全站仪，在后视点 8 号点上架设后视站标。重新输入要放样的点坐标（表 3.1）中的⑦轴柱 -5.33m 节点处 1 号的三维坐标值（图 8-2-6）。并在全站仪操作键盘上输入全站仪高和后视站标高。

b. 吊装第一节柱

将待安装之钢柱上好卸扣，穿好钢丝绳，用塔吊将钢柱安装到基坑里的 -10.5m 层⑦轴线处，将柱底板孔与地脚锚栓对准放好。由于柱底板孔比地脚锚栓直径大 20mm，可对柱底板进行微调。将柱底纵横控制中线与地梁上的柱轴线控制线对准，并调整好柱底板在 X、Y、Z 各个方向的尺寸，误差在 ±1mm 以内。

c. 校正第一节柱

柱底板 X、Y、Z 方向都对好后，就开始校正柱顶坐标。

Ⅰ. 设置方位角；如图 5 中，调整在轴线控制点 7 号点上已架设好的全站仪，使之对准在控制点 8 号点上架设的后视站标，按动全站仪上方位角设置按钮，即将测站点 7 号与 8 号之间的方位角设置好了。

Ⅱ. 坐标放样

按动全站仪操作键盘上的三维坐标放样按钮，通过重新输入的坐标放样点 1 的数据，左右、上下旋转全站仪照准，在读数盘读取数据，使之与要放样的数据相符，然后将全站仪照准部锁死。

Ⅲ. 钢柱校正

通过设置好的全站仪，调整钢柱，使钢柱上相对应的点与全站仪中视线相吻合。然后按动全站仪键盘上的三维坐标测量按钮，精确读出这个点的读数。将这个读数与理论值相比较，如相差过大，再指挥吊装班组，重新调整钢柱，使之与理论读数相吻合。

同理，重新输入其他要放样的点的三维坐标值，重复上述操作。然后读取这三点的三维坐标值，将其与理论值进行比较，如有差别，继续调整，直至与理论值相吻合。

Ⅳ. 复核钢柱

在测站点 8 号点上架设全站仪，在 7 号点上架设后视站标；重新输入测站点和后视站标点的三维坐标值；调整全站仪。将测站点 8 号至后视点 7 号之间的方

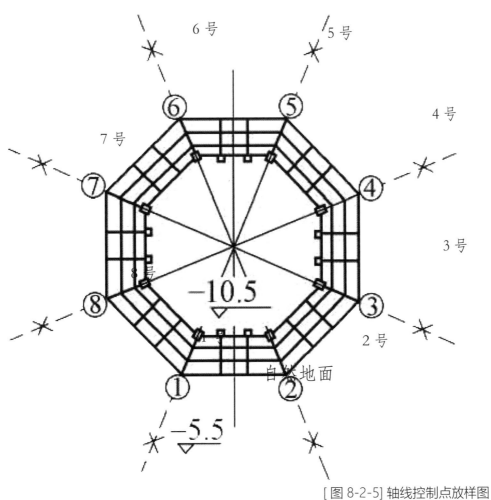

[图 8-2-5] 轴线控制点放样图

位角设置好。重新读取图 8-2-3 中所示 6 号点的三维坐标,将读出来的数值与理论值相比较,如超过规定 [3] 的 2mm,则需调整,直至符合规范规定。

同理,在测站点 6 号点上架设全站仪,7 号点上架设后视站标。重复上述操作,作进一步的校核。

将校正好的钢柱的柱底板上的螺栓拧紧,并拉好缆风绳。

3. 安装 -5.6m 层钢梁

在完成安装 -5.33m 层钢柱后,就开始安装 -5.6m 层钢梁。钢梁安装从内往外,依次对称安装。在安装钢梁时,必须架设好全站仪,观察钢梁安装过程中,是否造成柱顶坐标发生变化。如发生变化,要及时进行调整。在 -5.6m 层钢梁安装完毕后,即进行本层的压型钢板铺设、钢筋绑扎、混凝土浇注。

4. 第 N 柱安装、测量

在 -5.6m 层结构施工完成后,即开始进行第二节柱的安装工作。安装测量方法与第一节柱同理。

分别在各轴线控制点上架设全站仪,精确读取第一节柱顶的三维坐标值,每

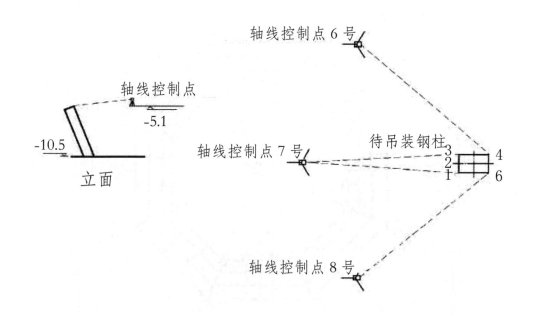

[图 8-2-6] 柱节点 -5.33m 测量放样图

---

[3] CB50026-93, 工程测量规范 [S], CB50205-2001, 钢结构工程施工质量验收规范 [S]。

个柱顶读取 6 个点的坐标值，作为第二节柱安装的基准线。严格进行层层校对，才能防止在下层安装钢梁时，可能造成柱子才能避免出现少许偏差的问题。（图 8-2-7）。

5. 塔刹安装、测量

在结构楼层施工完成后，即进行塔刹中心的刹杆安装。塔刹刹杆高 16.10m，分三段进行安装。塔刹安装测量控制方法同柱子基本一致。

塔刹安装完成后，对雷峰新塔进行测量，在 X 方向相差 8mm，Y 方向相差 7mm，Z 方向相差 5mm，复合设计和施工规范要求的主体结构垂直度 (H/2500+10) mm，且不应大于 50mm。

[图 8-2-7] 主体结构吊装完成

第九章

雷峰新塔屋面施工

第一节 雷峰新塔屋面的特点

一、屋面基层

雷峰新塔屋面基层为现浇钢筋混凝土板,其造型仿照木构建筑的八角形屋顶,上表面为曲面,且屋角带有出翘和起翘,下表面为折板,以便安装飞椽和檐椽,以翼角的椽飞。屋面角部老角梁和仔角梁,也用混凝土制作,与屋面板连成一体。雷峰新塔主体钢结构完成后,各层屋面的现浇混凝土屋面板开始施工,在施工中需要对八面各层的角度作统一的控制。对其模板支撑的准确度把握,是古典建筑造型完美程度的关键所在。

二、屋面翼角准确度控制

雷峰新塔五层,每层8个翼角,上下共有40个。翼角不但大小要满足所在楼层的要求尺寸,两侧要对称,必须控制好屋面与翼角接合处的起翘点,保持各翼角此处相应的标高。施工中采用相同柔性的木板材作模板,其饶度与翼角的尺度相吻合。模板支撑后应对每层的翼角逐个进行校核比较,以保证角梁规格一致,檐口的曲线完美。

在每层屋面翼角角梁根部设置"铅直仪",通过铅直仪的引上点,用经纬仪将该点引上到达翼角角梁的中心点,并弹出中心线;各个角梁位置基本正确后,将翼角模具构件临时固定,待同层屋面8个翼角临时就位后,用仪器对各对应点标高、间距进行闭合测量,待达到各点对应标高、间距相等后,固定翼角模具构件。通过铅直仪进行各翼角中心点上引,保证了上下层翼角在同一直线上。经过这样的检测后,才开始进行混凝土的浇注。

第二节 铜瓦安装

自 2001 年 9 月起杭州雷峰塔景区工程建设单位多次组织研讨会，研究铜瓦的做法，专家提出多种建议，如连续底瓦的构想，最后由金星铜世界公司组织技术人员对于铜瓦的施工工艺进行了具体的设计和实验，于 2001 年 10 月设计成连续底瓦结构的样瓦，在 12 月 31 日专家论证会上展示，获专家评审通过。

雷峰新塔的铜盖瓦（筒瓦）完全依据于宋代建筑瓦的外形制作，但其底瓦是采用通长的连续瓦，表面按底瓦在屋面上"压七露三"的外形特征冲压出横向条纹，底瓦的长度仅在长 9.30m 的底层和长 10.89m 的顶层，将其分成两段外，其余各层均采用一段通长的连续底瓦。铜瓦的颜色采用深灰色，安装后整个屋面保持了传统特色，在造形、色彩方面皆取得了良好的效果。

一、铜瓦施工顺序 [1]

1. 预理件置入

在混凝土屋面板未浇灌混凝土之前，将铜瓦的预埋件置入，埋件为 φ8H62 黄铜棒，制作成"L"形的弯钩，此弯钩分别按 100cm、50cm 的间距焊接在通长 Φ8 铜棒上，其立面间距自檐口向上 10cm 为第 1 排，再向上以 80cm 间距排列。最后与混凝土屋面的钢筋绑扎在一起，浇灌混凝土屋面板后，预埋的"L"形的弯钩露出屋面。

2. 横向支承网条安装

待混凝土屋面养护好并完成防水层后，于表面安设横向铜条 A，A 黄铜条尺寸为 40×6H62，铜条本身按预埋的"L"形铜棒间距打孔，铜条安装时套在铜棒上，然后切去铜棒露头，将两者焊接在一起。

---

[1] 本节引自叶德龙、冯水根《铜质构件在雷峰新塔的应用》一文，原载《古建园林技术》2003 年第 6 期，第 13-17 页，编者进行了局部修改。

3. 避雷网贯通

用 40×6H62 黄铜条，按每翼 4 根纵向贯通，与 A 铜条形成支承网格，作为避雷接地网的使用，塔顶各翼支承网脊构件骨架均相互焊通，并在戗脊端部设置 Φ20 铜条避雷针 1 根，作为避雷接地的接烁器，每层之间的贯通均利用钢结构的钢柱作引下线，连接基础接地，并经测试，检验其是否满足防雷要求。

4. 底瓦、盖瓦支撑件、瓦口板安装

用厚 3.6H62 黄铜板冲压成长 25cm 的"凹"形支撑件，焊接在 40×6cm 的横向支撑网 A 铜条上，用以支撑盖瓦，其"凹"形宽度尺寸按左右底瓦之间的距离确定，所在位置需考虑各层八边形檐口各翼的长度的差别，经分中、号陇后才能定位。屋檐檐口处的瓦口板，形状则按底瓦弧度和支撑件的宽度制作、安装。

5. 底瓦、盖瓦的制作与安装

瓦件采用厚 2mm 的青铜板 QSn6.5-0.5M 在预制的模具上压制成形，勾头、滴水瓦采用铸造方法制成，分别焊接在筒瓦和板瓦端部。底瓦弧形断面成 1/4 圆弧，两侧竖直档板高 40mm，用以解决雨水倒灌及各翼瓦垄不同尺寸的随机调整；为了解决热胀冷缩的问题，在两侧竖板上，按间距 800 开竖向槽，并于槽端离底板高 12.5mm 处打 Φ5 止槽孔。底瓦的安装时按各层屋面坡度与支撑件焊接。

盖瓦为半圆形断面，安装顺序从下向上逐块施工。首先需将勾头支撑件和相邻的底瓦两侧焊接固定，然后将勾头瓦端部的横向铜片插入底瓦端部的开口槽内，勾头上面的接口处中心开有 Φ4 孔，用铜螺钉 M4×45 与后部筒瓦连接，随后进行筒瓦的安装，安装时筒瓦前端接入前一张瓦的接口板下，后面的接口处同样有 Φ4 孔，用铜螺钉 M4×45 连接，筒瓦安装过程中，其支撑件应与相邻底瓦两侧焊接牢固，连续安装直至该垄瓦安装完毕。要求做到横平竖直、举折和顺、瓦垄均匀一致。

此外，还需在瓦件与屋面板之间填充塑泡颗粒水泥砂浆。

6. 铜瓦的色泽处理

选用深灰色，将铜瓦氧化着色为黑古铜色；这种色泽与铜材自然氧化的铜色

一致。表面采用氟碳喷涂，以保护铜材。

二、铜脊饰件安装

铜脊构件包括垂兽、套兽、戗脊、围脊、当勾等，屋脊内部均采用 25×25mm 方铜管制成骨架，外罩 2mm 厚铜板，按设计要求的尺寸成型；正当勾、斜当勾均按现场实际尺寸制作。套兽、垂兽按设计要求铸铜成形，安装时根据传统建筑的法则要求，做到定位正确，安装牢固。

第三节　铜质柱梁枋栱施工[2]

一、采用铜板作为柱、梁、枋、斗栱

雷峰新塔根据仿南宋建筑的设计要求，柱、梁、枋、栱均为双曲面多曲面形状，尤其是不规则的梭柱、月梁等，是多个异型曲面相交构成的，将古典建筑中用锯、铇加工成型的木制构件，改用铜板成型，难度之大是不言而喻的。

同时在铜构件的多曲面上还要求刻蚀花纹、图案，若按常规技术施工，会因图案保护不全，蚀刻液渗蚀严重，造成图案破损，线条支离破碎。采用"多层次锻刻铜浮雕品"的工艺可以解决这样的难题。因此将其首次大规模应用于雷峰新塔工程。采用锻打技术和刻雕技术相结合，具有新颖性的艺术效果，创造性地解决了雷峰新塔彩绘艺术的审美需求。

在雷峰新塔铜构件施工中，将锻打与蚀刻工艺有机结合，在锻打工艺上采用机械锻打、模压成型，与用电脑控制高压水切割成型相结合的工艺，在蚀刻工艺上采用电脑刻版、感光去膜等多种新工艺，顺利完成了雷峰铜构件加工的难题。

二、柱、梁、枋、斗栱的色泽[3]

雷峰新塔室外仿木构的部分包括斗栱、柱子、梁枋、阑额、塔门、栏杆等部位，皆用铜板为装修材料，颜色使用宋代流行的暗红色，表面带有装饰性花纹，这些花纹本为宋代建筑彩画所用纹样，由于铜饰面材料所限，不可能做青、绿、红多种颜色的"彩画"，因之采用暗红色为主，隐出金黄色花纹。

由于阑额、梭柱、月梁、斗栱均为双曲面或多曲面形状，尤其是月梁的形状，

---

[2] 本节引自叶德龙、冯水根《铜质构件在雷峰新塔的应用》一文，原载《古建园林技术》2003年第6期，第13-16,23页。

[3] 本节引自朱炳仁、朱军岷《彩色铜雕与多层次铜浮雕的研究及雷峰塔上的应用》一文的有关技术内容，原载《古建园林技术》2003年第6期，第10-12页。

是多个异型曲面组合成的构件。金星铜工程公司所采用的是施工工艺是先将 2mm 铜板按不同构件的形状加工成型，然后再进行锻打、模压。由于锻与刻的不同技术在铜构件上形成不同高度的层次和层面，需要利用铜表面处理上的多种色泽的隔离、封闭和融汇等工艺来完成。花纹部分的蚀刻工艺采用电脑刻板、感光去膜。表面刻蚀花纹的构件底色采用高级彩金浆油漆，纹饰部分经去膜后呈现出黄铜本色。

三、彩色铜雕工艺

彩色铜雕以金属表面的化学转化膜处理为主，辅以彩色涂层工艺。其需经过以下的工序：

1. 预氧化工艺，需经过以下的工艺流程

2. 涂层与预氧化相结合工艺

由于预氧化工艺在铜雕艺术的色彩构成上，仅解决同色调和问题，对互补色调和、对比色调和、三角调和及双互补调和等丰富色泽处理的问题，是作为彩色铜雕的发展中急需解决的难题。如何提高金属界面的吸附作用，强化界面反应，这是提高涂层的附着力的关键，本工程改变了先预氧化后涂层的工艺，先将蚀刻图案后的铜板进行活化前处理，采用抛光及乳化剂浸渍的方式提高金属表面化学活性，增强对涂料的吸附力，对需预氧化色泽的图案部分采用先行局部保护，喷涂色彩后，将图案部分的保护膜去除，然后再按预氧化工艺流程，将图案处理成设计要求的金属色泽。为了防止氧化液对涂层造成腐蚀，采用弱碱配方的渍洗液对产品进行清洗、中和，使涂层色彩的色纯度及色明度长期不发生变化，采用涂层与预氧化工艺相结合的技术，在雷峰塔的铜构件表面处理中，取得了很好的效果。

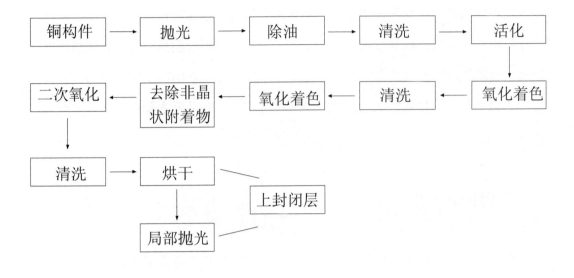

四、斗栱、柱、阑额、月梁的施工 [4]

雷峰新塔把原来木构件、梁改变成铜制构件后，除外形保持古建筑木构件形态外，尚需解决强度、电化腐蚀、潮湿等问题，金星铜工程公司经过研讨、实践，终于使问题迎刃而解。下面就斗栱、柱、额枋、月梁等铜构件的施工，以副阶层外檐铺作为例分述如下：

1. 斗栱

栱材料为 H62，厚 2mm 黄铜板，制作成华拱、瓜拱、慢拱、令栱、栌斗、交互斗、齐心斗、散斗等各分件，内部设有衬板，拉结件为厚 3mmH62 黄铜板。为了保证斗栱就位后的整体稳定，在华栱的里跳及外跳各设置吊杆 1 支，同时在慢栱的散斗下设置拉结点 4 个，并与素枋拉结固定。为了减少和预防不同金属的电位差腐蚀，各拉结杆、预理拉杆均采用 Φ10、Φ12 的镀锌螺杆，并套天然橡胶轴套。

2. 柱子

用二片半圆形筒状对接，包裹中间的 250×250 钢结构方柱，包柱面层的铜板之内设有钢骨架，采用 20mm×30mm 钢方管，并于其外覆以厚 2mm 铜板，包柱

---

[4] 本节引自叶德龙、冯水根《铜质构件在雷峰新塔的应用》一文，编者进行了局部修改。原载《古建园林技术》2003 年第 6 期，第 13-16，23 页。

面层为厚 2mmH62 黄铜板，柱子的竖向对接缝以铜抱框压面遮盖，使其形似为混然一体的圆柱。对于不同金属的电位差腐蚀问题，采用热镀锌钢管架及内衬钢板，表面再喷塑的措施。

3. 阑额、月梁

阑额、月梁外包铜板，内部采用 50mm×50mm×5mm 角钢制作内衬骨架，阑额、月梁面层用厚 2mmH62 黄铜板制作成型；安装时依次按照柱子、阑额、普拍枋等构件面层的顺序施工。每一构件均应做到横平竖直，焊接牢固。

斗拱、柱子、额枋、月梁等构件的收分、卷杀、梁端造型均严格按照设计要求制作，最终以高质量完成了雷峰新塔工程的外包铜构件的施工。

第十章

雷峰新塔塔刹的纯黄金装饰

第一节 钢构结构塔刹对纯黄金装饰的要求 [1]

2002年2月9日，农历腊月二十七日，正值春节前3天，雷峰新塔总设计师，清华大学郭黛姮教授约清华大学化学系胡鑫尧教授和在清华大学工作的李云高工等数人，在清华大学化学系分析中心实验室共同讨论雷峰新塔塔刹纯黄金装饰的相关技术和各类技术方案。

雷峰塔塔刹为钢结构，高16m，重17吨，坐落在雷峰塔塔身顶层的屋顶之上，距离塔身首层地平56m。其钢结构塔刹由基座、覆盆、7道相轮、宝盖、圆光、仰月、宝珠2个、宝瓶，以及中央的支撑立杆等组成，上下三段共14个部件（图10-1）。

塔刹中央立杆由三道粗细不同的钢管构成，其外挂构件由1cm厚的钢板焊接而成。根据塔刹钢结构表层的14个部件，需要进行金饰的总表面积计算，约为172m² 左右。内层及内支撑立杆约100m²，同样要施以金饰，但要以防腐为主，材料可以有所不同。

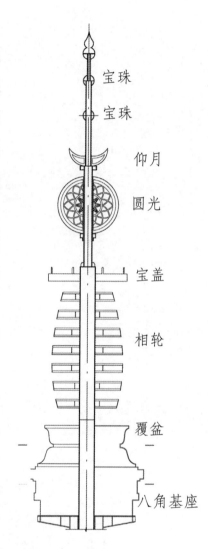

[图 10-1-1] 塔刹结构示意图

一、总体要求

外层需用纯黄金装饰；保持整体塔刹在56m高空中呈金黄色，并体现出"雷峰夕照"，在阳光照耀下闪现金光。作为杭州人的骄傲，必须用纯黄金而不可用仿金类的假金。

---

[1] 本章由清华大学化学系胡鑫尧教授撰写。

二、 环境状况

由于塔刹坐落在五六十米的高空，而塔基本身也远高于西湖水面，因需要承受各种自然的侵袭，这表现在以下几个方面：

1. 一年四季的温度变化，夏天在阳光直射下钢板上的温度可高达 90℃，冬天寒风中，钢板可达零下约 -10℃，有百度之温差；

2. 经受风吹、雨淋，特别是台风季节，杭州属台风过境区，承受风力可达 8 级以上；

3. 常年湿度多高于 50%，最大湿度可达 90% 以上；

4. 塔刹面对西湖，各类小型昆虫落宿造成影响；

5. 南方气温高，湿度大，会强化对金属的腐蚀。

以上情况与以往室内装修中的金饰完全不同，因此上述各项问题在塔刹金饰中必须给予充分考虑，并采取相应保护措施，需要采用特定的技术来解决。

三、 保养和维修

由于塔刹坐落于塔身顶上，为固定构件，不能拆装维修；难于搭架维修；从塔身去塔刹只有一个 0.6m 宽的通道口，不能运重型维修设备和大型材料进行维修。因此在塔刹金饰中采用的新技术方案，必须易于用简易方法保护维修。

四、经久期和维修期

作为建筑中的装饰部件，总是希望能与建筑本身的维修有共同相应期。由于是室外又是高空，面积大，全金属体上的金饰在中国的建筑上也是首创性工程，并要求三年不大修。这在当时这种特定环境下，有相当大的难度。

五、效果要求

　　美感距离为 15m，实际观感距离约 100m，属艺术性工程。总设计师和建设方经过论证和细致讨论后，决定在先期预备性实验基础上，采用清华大学相关技术方案。

第二节 纯黄金装饰钢构塔刹的技术创新

一、方案确定

在决定采用纯度 98% 以上的黄金为金饰层后，有四种可能的方法进行金饰，即：镀金；涂金（粉）；贴金；鎏金。而鎏金有汞毒，国家已明令禁止，镀金可以耐久，但塔刹构体太大，没有如此大的镀槽，而且高空构件固定无法维修。由此决定采用贴金（箔）和涂金两种方式。在约 170m² 的外观面全部采用纯金 98% 以上的箔贴面即外观面，在人手工无法施工贴金的局部半内层采用喷涂纯金粉；在非外观内部支撑件表层采用喷涂金铜粉和防腐。

雷峰塔的重建是古代建筑设计和现代高科技相结合的产物。雷峰塔塔刹的钢基面纯黄金化金饰工程本身体现了现代高科技应用于古建筑的示例。

二、创新性特点

雷峰塔塔刹纯金化金饰工程有 5 个首创性：

1. 首创在钢基重量约 17 吨，钢基面为 170m² 的大面积上进行纯金化金饰工程；

2. 首创在 8 种不同构型构件上，多达数十种二维平面图形和三维立体图形的多样化的、复杂的钢基面上进行纯金化金饰工程。

3. 首创在同一构件上大面积纯金贴面和金粉涂面，金铜粉内涂防蚀的混合型纯金化金饰工程；

4. 首创性采用最新的高强度特种金属贴（涂）粘接剂和保护剂，其在露天的耐久性和对钢基面的保护性远优于古老式的金箔粘贴剂；

5. 首创性在 56m 以上高空大气外环境中的纯金化金饰工程。

对于这种首创性工程，体现了设计方、工程主管方、技术提供方和施工方的多方共同合作的成果，也体现了高科技、新材料应用的优势。十年了，在"雷峰夕照"的美景中，雷峰塔塔刹闪闪的金光，不仅给人们带来美感，更给雷峰塔的设计建造和杭州人带来成果和自豪感。

三、预试验仪器

由于雷峰塔塔刹纯黄金金饰化是首创性工程，为保证工程质量和技术的可靠性，在主管方和设计方的建议下技术方做了如下四方面的预试验工作：（在以下预试验中采用四种现代大型科学仪器分析和检查）

1. 里叶变换红外光谱；

2. 等离子光谱，X 射线荧光和衍射光谱；

3. 俄偈电子能谱；

4. 50 万倍电子显微镜。

四、预试验项目

1. 高强度硅－氨基－聚酯高强高粘合贴面剂性能试验

（1）抗酸、碱、盐能力试验（超常规 20 倍强度试验）；

（2）耐温试验（-40℃～+90℃）；

（3）耐久性臭氧和强紫外线强化试验（20 年～50 年）；

（4）粘贴强度（金属）试验（优于 3.0MPa）；

（5）耐摩擦性（抗风沙、气流冲击、强雨打击等）；

（6）热稳定性，热伸长率（远优于 1）；

（7）外观变色试验。

以上由国家化学建材测试中心，北京市建筑材料质量监督检验站，清华大学分析中心，分别进行，最后结论一致。

2. 纯金箔贴面和纯金粉涂面的老化试验

采用臭氧老化试验设备，由北京国泉臭氧技术开发中心和北京超能自控实验技术研究所进行。委托清华大学材料系黄曼青教授主持监督试验，最终结果符合要求。

3. 纯黄金金箔贴面施工技术试验

为了吸收古老式贴金箔的有关经验，特请北京第二房屋修建（古建筑）工程公司两位有经验的贴金工艺匠师，在清华大学实验室进行新型贴金剂试验。包括粘贴剂厚度，粘贴剂刷面后再粘贴金箔时间，金箔的相互搭接面。粘贴时的气流、环境温度、湿度等的影响，最终选择最佳现场拖工条件。

4. 金箔和金粉的纯度和针孔检验

经仪器检验最后采用南京金箔厂的金箔，黄金纯度 98.6%。

5. 多种金属基面纯黄金金饰化试验

塔刹曾试验过用仿金铜铸件或其他金属构件。但由于铜基材料铸件有 100 多吨重，加之铸造中铸件强度不够，经检验耐蚀性较差，最终被否定。为了广泛的适应性，在纯金与钢构进行粘贴试验时，同时进行纯金箔与铜基材料、纯金箔与铝基材料、纯金箔与铁铸件材料进行的黏贴试验，经试验本次所提供的新型贴金箔材料与施工工艺其效果最好。

为了工程质量和工程进度，李云等技术负责人和相关人员自 2002 年春节期间即开始试验工作。试验结果得到总设计师郭黛姮教授、工程管理方认可后，即进行现场施工的准备工作，拟定施工的技术规则、技术条例等。

第三节　纯黄金金饰塔刹的工程施工

由于塔刹高 16m，为便于运输和起吊安装，将 16m 塔刹分成三段：即底座（八角底座，覆盆）为一段；中腰（宝盖，7 个相轮）为一段；上顶（圆光、仰月、宝珠 2 个，宝瓶）为一段。在车间分段进行纯金装饰化和防腐处理，再到现场吊装到塔顶焊接为整体。在高空现场进一步对焊缝进行防腐和纯金装饰化处理。

一、分段贴金、涂金施工流程：

由于金箔极轻，要求在空气气流稳定，湿度和温度相对稳定的环境中进行。

贴（涂）纯金金层结构：根据技术试验结果，贴（涂）纯金金层结构共为 5 层，如图所示：

1. 底层：用于防腐并与钢板黏牢的连接层，同时可以防腐蚀；

2. 金垫层：用于固定金箔和金粉，采用黄色粘贴剂；

3. 金箔（或金粉）层；

4. 保护层：保护金箔或金粉；

5. 罩面层（实际施工中，为防止空气中微尘影响，须在表面进行罩面，局部取消此层）。

施工时各层相互之间要有时间间隔，需按固定程序进行。

二、对钢构基表面施工工艺要求：

1. 采用二级喷砂打磨，将钢构面氧化层去掉 70% 以上，打磨中对钢基面缺陷必须构成弧面弧纹总体达到 ÑÑ3 水平；

2. 直角处应打磨成 R=2～3 圆角。

3. 钢构图形复杂，尤其是焊口，严格按钢基面要求，任何焊接处去焊渣后必按钢基面打磨，平整度达到ÑÑ3水平，否则对贴金面涂金面寿命将会造成严重影响。

三、贴金箔的施工工艺

1. 钢基面先酸洗、后碱洗，清水冲净后，用丙酮或酒精吹干（对石材、水泥、泥塑去掉酸碱洗）。

2. 喷刷底层（胶），厚度约0.3mm，待干燥后，严格检查有无不均匀或局部遗漏处。并防止雾水、明水、灰土等沾污。

3. 刷涂金垫层（黄色）时，根据当时施工环境的温度、湿度确定贴金箔时间，按贴金箔速度确定涂刷金垫层的面积，否则，超时会产生固化，无法贴金箔。此道工序，应通过现场实验所得结果，进行严格掌握好每一步骤的时间。

4. 在涂金工序中，要不断搅动罐桶或摇动喷罐，防止金粉沉淀造成不均匀。

5. 由于材料分子键固化需7天时间，必须固化7天后方可运输和安装，面层不可用硬物敲打。

上述工作必须符合已制定的"金属基面防腐蚀和贴（涂）金技术及操作规范"。

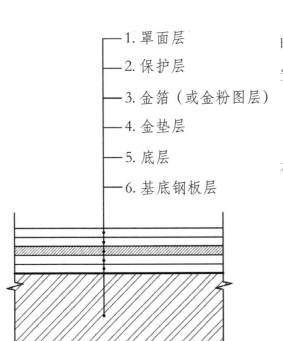

1. 罩面层
2. 保护层
3. 金箔（或金粉图层）
4. 金垫层
5. 底层
6. 基底钢板层

[图 10-3-1] 施工中的塔刹（胡鑫尧）

[图 10-3-2] 塔刹竣工（胡鑫尧）

[图 10-3-3] 施工人员通过五层人孔到塔刹状况（胡鑫尧）

四、高空贴（涂）金装饰施工

塔刹在地面车间内施工是分成三段进行的，即底座、中腰、上顶。分别进行贴（涂）金装饰后，包括内层防腐涂刷铜金后，运到现场，吊装到塔身上空，再将三段进行焊接连成整体。

高空安装和贴（涂）金的施工工艺要求：

1. 防止焊接火花及高温焊渣破坏已贴（涂）金的金饰表面。

2. 焊缝必须按钢构表面施工工艺要求进行打磨。

3. 贴金金饰时施工人员上身和构件之间需要有小型防风空间，防止金箔飘动贴黏不平。

4. 施工人员要有严格防护安全措施，并防止物件和施工人员在悬空作业中碰损四周的贴（涂）金面。

高空作业中，塔刹纯金金饰面工程项目负责人李云高工是一位女工程师，她亲自带领工人在高空作业。真是巾帼不让须眉，得到工程总负责人的称赞。

第四节　金饰塔刹的维护和保养

十年风雨，十年金光。2012年10月是雷峰塔峻工十周年，西湖美景"雷峰夕照"在夕阳下金光闪闪光芒四射，这是真正黄色纯金的闪光。为雷峰塔的重建，为杭州的文化遗产保护增添了光彩和骄傲。与此同时也让我想起了两则塔刹维修保养的趣闻。

一、巾帼再登宝瓶座

2002年4月中在工程甲方、设计、施工的三方讨论会上，设计方指出钢构加工中对部分焊缝没有按要求进行打磨，以致凸凹不平，个别地方还有针眼，在钢构某些平面上没有清除氧化层，肉眼即可看出氧化层的存在；为此提出要求进行返工处理。但由于工期在即，塔身的大吊车在急等塔刹吊装，为此仍决定不返工，立即进行防腐贴（涂）金箔工序，以保证工期。根据此情况，清华大学方面要求在会议记录中说明"有言在先"，若2002年后此处出现腐蚀，金箔层脱皮等，金箔技术的施工方不承担责任。当时工程管理方询问，若出现此问题时，清华可否在高空补救并进行维修。金箔技术和施工主持人李云高工回答说，在决定贴（涂）纯金方案时，就已经考虑到高空维修问题了。这样工程管理总负责人下令，暂不返工，立即进行贴（涂）纯金箔了。两年后果然在上述焊缝处及氧化层处出现腐蚀现象，并形成锈斑，个别地方还有"脱皮"现象，这就造成巾帼李云高工带领两名工人，再登上60多米高空塔刹的宝瓶和底座，对个别处进行维修。

二、塔刹高空起风云

2004年初夏，人们在雷峰塔下观赏了雷峰塔矗立在高空的塔刹时，竟然出现

[图 10-4-1] 十年风雨后的雷峰新塔塔刹

一段奇景，在塔刹四周出现"一团烟云"，忽上忽下，围绕塔刹成不规则飘动，飘动的速度又比普通天空上的彩云快，早晨和傍晚更浓厚。神奇了，这是云？又不像云，是"法海显灵了么"？大家议论纷纷。过几天后晴空万里，风吹之后，这个游动的烟云消失了。隔一段时间后，细心的人经过细致的观察，特别是管理人员用望远镜观察时，发现在阳光下，塔刹某些部位变暗了，而且出现不规则的花斑。不久，建设方即同北京联系，告知原塔刹纯金金饰工程负责人李云，"塔刹金饰面出现问题，变暗并出现花斑，是否是塔刹金饰面工程有问题。望给予检查和维修"。接到此报告后，会同设计人员进行认真讨论分析，认为有可能是在焊缝处出现问题，在个别面上因钢基面氧化层清除不干净。因为在施工时就对焊缝打磨的标准发生过争论，并有"有言在先"的立据。但也不致于出现如此大面积变暗并成花斑状。另外还有一种可能，是灰尘所致。为此带着取样器具和特种清洗剂到现场进行实地分析了。李云等数人通过 0.6m 的圆形人孔，从吊顶里穿过后，到 60 多米高空的塔刹，即对底座和相轮进行仔细观察，准备取样，此时才明白：原来是大量的微型小飞虫，围绕塔刹飞来飞去，远处看似如一股白色烟云，在飞行中撞击到金饰面上，由于微虫体内的体液撞击中溢出，使小虫体粘附到金饰面上，死虫体时间长了，变黑变暗。经过特种清洗剂吹洗后，黄色纯金金饰又闪闪发光了。

第十一章 加强宣传文物建筑保护

雷峰新塔从启动到成功建成，自始至终面临的是要从各个方面宣传这个非同一般建设工程的特殊性——保护文物，国际遗产保护的经典文件是做好雷峰塔遗址保护工程的工作纲领、工作指南、行为准则。对此，建设方和施工监理为遵循这一原则都做了大量的工作，他们的贡献是非常令人敬佩的。

《威尼斯宪章》指出："遗址必须予以保存。务必采取必要的措施，永久保存保护好该建筑的历史风貌及其附属物，务必采取一切措施促进对古迹的了解，以使它得以再现而不曲解其本意。"

雷峰塔重建工程，立足于对千年遗址的保护与展示；传承给子孙后代，正是此项工程的重要意义所在。因此确立了雷峰塔建设工程要以保护遗址为首要的思想。与此同时，必须使参加雷峰塔建设工程的所有施工人员都要提高文物保护意识。在研究施工方案的过程中，都要贯彻保护雷峰塔遗址是第一位的，是重中之重这一指导思想。

第一节　施工中以文物保护为本

一、精心避让遗址

雷峰新塔的施工在古塔遗址上下左右进行，设备都是大型的，如 300t.m 的塔吊之类，就连大型钢构件本身的重量也非同一般，在施工中要将这样的大型构件置于遗址之上，能不能保护好遗址，是建设工程成败的关键。建设单位在工程招标和选择施工队伍时，始终把保护遗址放在第一位，每道工序开工前，都制订了详细的遗址保护方案，遗址保护方案不完善，工程时间再急也不能开工。

二、遗址上空搭建临时棚架

施工期间，雷峰塔遗址上空的保护棚架，前后共搭建了 2 次。第一次是考古发掘第一阶段结束，规模宏大、壮观的雷峰塔遗址被发掘出来之后，首先面临的是如何采取临时防止风雨的措施，雷峰塔遗址的砖砌体是用黄泥作为黏接材料的，如果任其日晒雨淋，很容易被损坏，因此必须搭建保护棚以遮风挡雨；到了施工即将开始时，重新研究了这个保护棚所需解决的问题，为防施工时杂物堕落，必须把遗址整个严密包裹起来，于是重新搭建了遗址保护棚。

施工中还碰到诸多遗址保护问题，由于一一采取了严格的措施，使之对遗址的损害程度降到最低，真正做到很好地保护了遗址。

第二节　向社会宣传文物保护

为了宣传文物保护，扩大雷峰塔遗址考古影响，普及考古发掘知识，提高全民文物保护意识，浙江电视台和杭州市电视台决定现场直播雷峰塔地宫发掘。2001年3月11日上午9至12时，浙江电视台影视频道和杭州电视台的摄像机准时对准地宫发掘现场，开始记录这次跨越千年与古人"对话"的全过程。

此外，还有新华社、中央电视台等媒体的记者到场。

当时除了现场发掘的转播之外，还有设计单位的设计人、考古学家和研究杭州文化的专家，同时在另一会场，配合发掘进行有关学术问题的介绍、说明。通过这样的活动在社会上引起了广大群众对文物保护的关注。

直播策划人王群力编导，在《新闻实践》发表《让电视透视文化》的文章，从理论上讲述这次地宫发掘电视直播的意义：

对于雷峰塔地宫文物发掘这样一个专业性非常强的文物考古发掘直播，其受众的接受基础就是雷峰塔本身比较丰富的文化信息。电视直播手段的出现使人们认知世界的方式有了视觉和时间的突破.

电视主要魅力还是在于对直播对象非常真实形象的过程的展示和不可预计结果的期待。如果说，传统的直播方式仅仅是满足了"知晓欲"，解决了受众即时的、当下的信息期待，追求的是结果，那么后电视时代的直播则开始追求过程的魅力，开始体现它的实验性，介入和揭示深刻性的能力。

雷峰塔地宫文物发掘电视直播，首先是雷峰塔本身的文化信息在受众中的积聚。雷峰塔，其历史和传说使它具有很强的文化辐射力。当有关报刊对它将进行遗址发掘的消息作了报道后，报纸作为一个信息"上游"，它积蓄了大量关心雷峰塔的受众，而电视决定直播以后，就仿佛在一个合适的时机宣泄和分流了受众对于获取雷峰塔终极信息的欲望。

对于一场文物考古电视直播，一般的人往往更乐于看结果，就是所谓的"外行看热闹"；而对于考古工作者，或者文物界，就会非常在乎整个考古发掘是否符合程序。考古是一个非常严谨的考证过程，绝对不能只顾及电视直播的效果而有任何省略或变化。否则，就会使受众对电视传播的能力和电视直播的魅力产生怀疑。

扎实而宽厚的知识背景资料，真实而完整的发掘过程安排，细致而有变化的现场解说构思。在雷峰塔地宫发掘直播过程中，程序和过程一点都没有缺失，让受众感知了许多非常有价值的吴越时期文化信息和考古发掘知识。

第三节　立足保护，合理利用，彰显文化遗产魅力

　　保护遗产是上对祖先，下对子孙负责的千秋伟业。然而，保护的目的在于发挥遗产的作用，也就是要充分合理利用这些珍贵遗产，为人类的进步做贡献。雷峰塔遗址和地宫出土文物是杭州作为我国六大古都之一的历史见证，是从事历史科学研究，进行爱国主义教育，建设社会主义精神文明和物质文明的珍贵文化资源。把它的价值和功能展现出来，发扬光大，对启迪人们的心智，提升文物的社会影响力和市场价值都是十分重要的。

　　为合理利用文物资源，在浙江省文物部门的支持下，省博物馆陈列雷峰塔地宫出土文物，并设立雷峰塔景区分馆。雷峰塔遗址与省博物馆雷峰塔分馆成为最受游客欢迎的文物展示项目。

　　雷峰新塔建设工程结束了，但保护文物的工作才刚刚迈出第一步，特别是对遗址的保护，还有许多工作要做。雷峰塔旅游有限公司已成立了专门的文保部门，这是遗址保护工作持续有效开展的组织保证。他们不断地努力探索如何做到在保护好文物的同时，进一提升景区的文化品位，永葆雷峰塔景区的青春活力，为世界文化遗产——杭州西湖，历史文化名城杭州的文化繁荣、发展，作出应有的贡献。

第十二章 雷峰新塔的价值与反响

第一节 对文化遗产保护新理念的认同

雷峰新塔建成之后在社会上引起极大反响，首先是文化遗产保护新理念得到了社会的认同。对于一些被掩埋着的遗址，一般感到裸露出来会给遗址带来损坏，未能探讨其他的保护方法，因而以为埋在地下更安全。其实有的遗址长时间在地下并不安全，因为地下水也会侵蚀它，雷峰塔地宫便是一例，其中保藏着舍利的大铁函在揭开地宫时已经全身被锈蚀得难以打开，且会随着锈蚀程度的加深，而失去保护内部藏品的功能，经过专业技术人员采用科学方法打开铁函，才算保住了其中的藏品。同时经过对遗址的发掘，然后以加盖保护罩的方式进行保护，可以使人们对遗址的本来面貌认识得更加清楚，同时还进一步使人们了解了当时的建筑技术发展状况。

遗址保护罩的建立，还可对雷峰塔当年的文化价值有了更深的认识，例如作为西湖十景一员的雷峰新塔不仅起着弥补景观缺失的作用，而且可以登临远眺，观看到新的景观，例如有的报道写道："雷峰新塔建成后，已经消失了七十余年的雷峰夕照又将重现。全塔上、下、内、外装饰富丽典雅，陈设精美独到，功能完善齐备，以崭新的风貌和丰厚的内涵在西湖名胜古迹中大放异彩。游人登上雷峰新塔，站在五层的外观平坐上，西湖山水美景和杭州城市繁华尽在游人的远望近看之中。作为西湖南线的制高点，极目四眺，碧波荡漾的西湖、秀美端庄的汪庄、初见轮廓的南线新景点、绿意葱笼的湖心三岛一览无余。而站在西湖东岸的湖滨路远眺，雷峰塔敦厚典雅，保俶塔纤细俊俏。"下面选择几篇初登雷峰新塔的感言，以飨读者。

一、走近再生的雷峰塔 [1]

查一查 2002 年有关杭州市的热点新闻，重造雷峰塔可算上一条。

---

[1] 杨光元《走近再生的雷峰塔》。

在一个风和日丽的冬日，我走近了这座被称为千年胜迹的雷峰塔。我的耳边响起了"烟光山色淡溟濛，千尺浮屠兀倚空。湖上画船归欲尽，孤峰犹带夕阳红"的诗句。

我踩着上升的电梯，缓缓地走近雷峰新塔。冬日的阳光下，重建的雷峰塔英姿勃勃。它临湖依山，五层八面，巍然矗立。那屋面上的铜瓦、转角处的铜斗拱、飞檐翼角下悬挂的铜风铃，在阳光下熠熠闪光。这座仿宋新塔，色彩和谐地与湖光山色相映成趣，成为杭州的一大人文景观。

走进塔内第一层，透过玻璃防护罩，我看到了老塔的遗址。那高低起伏的残垣断砖，似乎在向我诉说着千年的沧桑。我的思绪，顿时也穿越千年时空的隧道。

这座宝塔最初是由吴越国王钱俶建造的。钱俶的爷爷钱镠是吴越国的开国之君。据《五代史·世袭列传二·钱镠传》载："于唐昭宗朝，位至太师、中书令、本郡王，食邑二万户。梁祖革命，以镠为尚父、吴越国王……"他曾经当过盐贩，多年奔走于江湖，武功不俗，工于心计。在唐末黄巢起义后的天下纷争中，靠结集乡兵自保本土，屡屡打赢小规模的局部战役。在后梁开平元年（907）被朝廷加封为吴越国王。

在五代十国的君主中，钱镠享年最久，活了81岁。他的吴越政权持续时间也最长，前后达76年。他在位的数十年里，建筑海塘，兴修水利，劝课农桑，招徕商旅，经济比较繁荣。而钱俶作为钱镠的孙子，在国泰民安、风调雨顺中，以"敬天修德"的名义，于北宋开宝五年（972）筹建雷峰塔。一批顶尖工艺高手和匠人辛勤劳作5年，在秀甲天下的西湖南线修建成这座举世闻名的宝塔。

岁月如梭，一千多年过去了。在这沧桑岁月里，雷峰塔几经劫难。据史记载，南宋末年，偏安江南一隅的南宋朝廷与南下金兵在钱塘江两岸作战，雷峰塔差一点被拆除。当时，在塔下出现了一条大蟒蛇，人们以为此塔有神灵，才没敢拆除雷峰塔。明嘉靖三十四年（1555），倭寇侵入杭州。因怀疑塔内有明军伏兵，竟将塔一把火烧了。结果，塔外部的木结构檐廊都烧掉了，剩下了烧不掉的砖砌塔身矗立在西湖边。不久，塔顶上野草、杂树生出来了，鸟雀来做窝了。雷峰塔如一个饱经风霜的"老衲"，默默地站在西湖边，向人们诉说着岁月的故事。正如一首诗里说的："湖上两浮屠，雷峰如老衲，宝石如美人。"终于，在七十几年前的一天，在西湖岸边，夕照山上挺立了千百年的雷峰塔轰然倒塌。

我知道雷峰塔，最早还是看了鲁迅先生的两论——《论雷峰塔的倒掉》和《再论雷峰塔的倒掉》。在这两篇文章里，鲁迅先生把"破破烂烂的雷峰塔"看作是中国半封建、半殖民地的黑暗社会的象征。他希望它倒掉。当然，这位中国现代思想文化战线的斗士，也在文中提出了自己的希望：在将来"民康物阜时候"，"新的雷峰塔也会再造的罢"。

如今，鲁迅先生的预言终于成为现实。在太平盛世，杭州市于 2000 年 12 月开始重建雷峰塔，2002 年底竣工落成。

此刻，我乘塔内升降电梯直上塔顶。站在塔上凭栏四望，西湖的湖光山色尽收眼底。那明镜般的湖水，那阳光下的如黛远山，那玲珑的亭台楼阁，那湖边镶嵌的一块块绿宝石般的草地，都赏心悦目，令人心旷神怡。

向南望，古刹净寺黄色的寺殿在一片浓绿中格外醒目。已到傍晚时分，净寺的梵钟敲响，"当，当……"，悠远的钟声，在西湖上空回荡，似乎在赞美再生的雷峰塔，赞美这国泰民安的好时代。

二、走进神奇的雷峰塔 [2]

雷峰新塔有三件事让我刻骨铭心。一件是保护完好的古塔遗址令人神往。新塔的首层以下，是古塔遗址，遗址上设有玻璃防护罩。游客进塔后，可以穿越千年时间隧道，直接观看和领略吴越国的能工巧匠们精心建造的佛塔遗址的风貌，感悟古人之智慧和创造，在新塔台基二层是雷峰塔遗址最佳观赏区，走道中间还安放有展柜，展示雷峰塔带铭文的塔砖砖藏经卷、地宫珍藏文物等。在斜向大钢柱之间吊挂有多个演示屏，循环播放 2001 年春雷峰塔地宫开启的过程、出土的珍宝和现场实录的地宫特写画面。特别是当再次看到地宫出土供奉佛螺髻发的舍

---

[2] 余安民《走进神奇的雷峰塔》，原载《江苏政协·诗词文苑》2003 年第 4 期第 50-51 页。

利塔——纯银阿育王塔（金涂塔），也就是"雷峰塔之魂"的出土经过时，我的心灵再一次受到强烈的震撼。

另一件是新塔暗层的浮雕《白蛇传》神话故事引人入胜。这个暗层是雷峰新塔内全无门窗的一层，利用新塔底层建筑檐面下形成的内凹错落的空间，将《白蛇传》神话传说分成六大块立体场景展陈其中，浮雕的选材之优、工艺水平之精、故事情节之动人、人物场景之奇妙，令人叫绝。这个传讲、演绎了上千年的《白蛇传》，人们并不陌生，但当来到这群浮雕面前，和这些熟悉的人物形象"重逢"，和这些动人的故事场景面对时，再回味起故事中多情的白娘子，曾经被那座代表了封建专制与残暴的"雷峰塔"所镇压，最终得以解脱时，往往会有一种全新的感悟。

还有一件是新塔辟设天宫让人欣慰。雷峰古塔有个地宫，一千多年后地宫出土的宝物让人惊叹不已。如今聪慧的建设者们，与古塔的地宫相对应，在新塔穹顶顶板上方的隐蔽空间内，辟设了天宫。天宫内已放置传诸后世的纪念文字和物品，如雷峰夕照重修大事记、雷峰新塔全仿真模型等。究竟天宫内还存放了其他什么宝物，又有何人知晓呢？据说天宫目前还余留了部分空间，让后人继续存放与雷峰塔有关的资料或宝物。不难想象，千百年之后，当人们看到从雷峰塔天宫中取出的宝物时，那又该是一种什么样的心情啊！

三、论雷峰塔的重建 [3]

今年五月中旬，有上海、杭州之行。此行虽说蒙友人邀请旅游两地，但我私心却深深地埋着告别之意，因为一个已经老去的人今生恐怕再难踏上这在青少年时代求学并酝酿理想的故地远乡了。初到上海，天阴有细雨，预报还说此后几天杭州将是雨天或将出现暴雨。当两天后我们抵达杭州时却是天晴气爽，凉气宜人，湖波映衬，直到四天后我们离开时仍如此。所以朋友开玩笑说是我们为杭州带来了好天气。

---

[3] 吴江《论雷峰塔的重建》，《鲁迅研究月刊·学术随笔》2004 年第 7 期，第 93-95 页。

在杭州，我们下榻于西湖南边的一座幽静气派的宾馆"汪庄"，此处据说原为一个大盐商的私宅，解放后辟为国家要人休闲重地，不对外；现在开放了，所以住客颇为拥挤，有来此开会者，也有专来此欣赏湖光山色者。我所住的卧室旁有一宽敞的大厅，向外看恰好面对着新建的雷峰塔，金碧辉煌，凝重秀雅，备极旖旎，又近在咫尺。此塔于 2000 年 12 月开工修建，2002 年 11 月 1 日正式开放，成为素负盛名的西湖的点睛之笔。因此我想起了鲁迅先生曾于 1924 年 10 月 8 日和次年 2 月 6 日两论雷峰塔倒掉（雷峰塔倒掉的日子为 1924 年 9 月 5 日）的文章。鲁迅是根据关于雷峰塔的两个民间传说来作文发感慨的：一说就是根据宋话本的白蛇故事；另一说就是相传附近乡下人听说雷峰塔砖能够避邪，因此众人挖砖不止最后终于导致雷峰塔的倒掉。因为有以上传说故事，特别因为有鲁迅的文章（记载雷峰塔事自来就不少），雷峰塔在人们心目中便名声鹊起，并且引人遐思。

在杭州的四天，我除参观过去未到过的地方或新景点外，多在宾馆休息翻书或散步。因朝夕面对着雷峰塔，也就想了解一点关于雷峰塔的故事。

唐代佛教兴盛，建塔之风大行。佛教尚火葬，起初建塔是为了供奉高僧（或称佛）的舍利或其肉身，后来普及成为有名望的俗家为求吉利或寄托某种为善愿望的举措。这是《灵隐寺志》中记载的。唐末的五代十国存在的时间极短，中原地区的所谓五代（梁、唐、晋、汉、周）总共只有五十多年，诚如欧阳修所说"置君犹易吏，变国若传舍"，很快就被赵宋统一了。中原以外的十个小国幸存的时间倒略长一点，例如地处两浙的吴越国（开国之主钱镠都杭州临安），自唐末有国，在赵宋统一中原以后还存活了 22 年。吴越共享国 84 年，历五主（最后一代国主为钱俶，钱镠之孙），直到宋太平兴国三年 (978) 才国亡。吴越国同样大力提倡佛教，建造佛塔，刻印佛经，此外还兴修水利，礼敬文士，所以吴越文化颇发达。建塔方面的"代表作"，就是隔着西湖南北对峙的两座塔：一是建在西湖北面宝石山上的保俶塔，一是建在西湖南岸夕照山上的雷峰塔（按：钱塘江边的六和塔也是吴越王时所建）。

两塔建造的时间说法不一，大体可以推定两塔均建于赵宋统一中原以后。保俶塔先于雷峰塔，确切年代不详，那时在中原已统一于赵宋，中原以外诸小国（如荆、楚等）相继归命，吴越国独存，但国势日孤，国主钱俶乃倾其所有向宋朝进贡，并不止一次亲自前往朝拜，誓言"子孙善事中国"。保俶塔即建于此时。"保"，即保佑已"纳土归宋"的钱俶平安无事之意。但卧榻旁岂容他人长睡，到了宋太平兴国三年宋皇朝终于命钱俶举族归京师，吴越国就此亡掉了。幸运的是，保俶塔至今犹存，保存完好，未遭劫难，想来这和建塔的地理条件也有关系。

雷峰塔的建塔时间史有记载，大致在宋开宝四年（970）左右动工，至宋太平兴国二年（977）建成。塔成国亦亡。一说雷峰塔是钱为其王妃卢氏所建（有的史料误"王妃"为"黄妃"或"皇妃"），故亦名卢妃塔，又因其建在夕照山上一个名叫雷峰的小山峰上，所以又名雷峰塔——以后即以雷峰塔名。明代又在那里建一夕照寺（已毁），因此得"雷峰夕照"的名声，成为西湖十景的最亮点。雍正时的《西湖志》有记："吴越王妃建塔于峰顶，每当夕阳西坠，塔影横空，此景最佳"。雷峰塔和保俶塔不同，其命运多舛。保俶塔建在山势较高人迹罕至的宝石山上，虽孤寂却安全。雷峰塔则建在西湖旁，城中心，山丘低矮平缓，游人众多。最不幸的是它在战乱时常遭兵火之灾：如北宋征剿方腊时雷峰塔即遭重创，"塔颓然榛翳间"；在南宋和金兵的拉锯战中雷峰塔则成为宋军屯兵存放兵器之所，塔差一点被拆毁；后一度修复。明代倭寇入侵，来到杭州城外，怀疑塔中有明军伏兵，竟一把火烧掉了塔外围的木构檐廓，只剩下砖砌的塔身。自明至清，塔一直残缺裸露，鸟雀安巢，野草丛生，塔内四大根砖柱被拆成倒置形体，随时可能倒塌。鲁迅所见到的雷峰塔大概就是这个样子，他终于看到了雷峰塔的倒掉。

雷峰塔的倒掉，归根到底是由于兵祸。但和鲁迅所说的白蛇娘娘被镇塔下的民间传说也有些关系。此类传说和记载，自南宋到明代络绎不绝，寺僧出于宗教宣传需要也推波助澜。明嘉靖年间杭州人田汝成撰《西湖游览志》，就说："俗传湖中有白蛇、青鱼两怪，镇压塔下。"恰巧南宋初年宋兵与金兵的一次交战，传说塔中竟出现了一条大蟒蛇。（按：此等事在江南是平常事，我小时在农家就曾亲眼见过蟒蛇由睡床下蠕蠕游去。蟒蛇一般不攻击人。）雷峰塔出大蟒蛇的事和"塔镇蛇妖"的传说恰恰吻合，加上中国人对胜地景物素有写写画画或取其物作为纪念的陋习，因此大家纷纷动手挖砖，说砖可以避邪。塔越裸露残破，挖砖越容易，砖挖多了，把塔掏空了，塔自然就倒掉了。

除上面的传说外，这次我游灵隐寺从一位青年法师口中又听到另一传说，说是雷峰塔的砖与众不同，大概因为塔为王妃所建，且吴越人"俗喜淫侈，偷生工巧"（欧阳修语），因此传说每块塔砖都有一孔，内饰金箔，贵重无比，人们就为取金箔而偷挖塔砖，以致把塔挖掉了。此说并非无据。

据此次重建雷峰塔进行地宫发掘时，发现部分塔砖中有两种砖块，一种有孔无字，一种有字无孔。有孔无字的塔砖为长方形，砖孔圆形，位于塔砖纵端一侧的中央，深可三寸，并不贯穿砖身。此砖孔是用来藏经的，内中并无金箔。有字无孔的塔砖，文字在砖的纵端，每砖有一字、两字、三字、四字者不等。字多为凸文。有人分析后认为，这些砖上的文字或为集募建塔者的姓名，或为捐助砖料者的姓名，无特殊意义。有的则带有铭文，记建塔的年号。不管怎么说，雷峰塔毕竟是倒掉了。

塔倒掉前的那个残破的身躯，如今犹有遗照在——它象征着雷峰塔的不幸身世及种种传说的终结。而在倒掉七八十年之后，雷峰塔竟又如凤凰涅槃似地在原地重生了。当年鲁迅论雷峰塔倒掉的时候，根据中国人难改的"十景病"，他不会想不到雷峰塔终有一天会重现，但他可能想不到现在雷峰塔竟能以这样金碧辉煌的姿态重现于人间。塔还是塔，砖还是砖，可是所用的材料和建筑技艺大不相同了，如果没有特殊的天灾人祸，此塔可保无再倒塌之虞。

对于这样一个标志着号称人间天堂的杭州市的特异风采和深厚文化底蕴的建筑物，虽近在咫尺，我却并未亲身登临。听说新塔底层的遗址保护棚旁边和雷峰夕照景区新建成的文物珍宝馆，人们可以欣赏到吴越国先民留下的这座古塔的遗址和珍藏于其中的有很高工艺水平的文物瑰宝。塔七层，约五层有电梯相通，每层都有精美的壁画。俨然一现代化古塔也。记得我第一次到杭州是在 1931 年，为了入初中念书，那时雷峰塔早已倒掉了，无由得见。这次总算见到了。但我此行是为了告别，因此初次见到也极可能就是最后一次见到了。无可奈何人老去，万种离情寄此塔——书此两句，就此别矣！

2004 年 6 月 22 日

四、非看雷峰塔不可 [4]

今年十月秋高气爽的时候，我去上海参加中国文物学会传统建筑园林委员会古塔研究部成立大会，听说雷峰塔已修复，我非要去看看不可。

雷峰塔，在浙江省杭州市西湖雷峰塔景区。雷峰塔外观上看八面五层是一座完整的仿中国宋代佛塔风格和形制的楼阁式建筑。

雷峰塔的现代科技内涵，表现在塔的主体，采用了钢铁框架结构。全塔通高71.68m，占地面积 3133m²。特别是在新塔的台基层，可以近看吴越雷峰塔的遗址，在新塔的顶层，可以从八个不同方向远望和俯瞰西湖十景和山水风光。

另外雷峰塔在各个层面，都可看到东阳木雕《白蛇传》工艺组画，《吴越造塔图》丙烯壁画，雷峰塔诗词精品配图雕刻，西湖十景瓯塑工艺壁画和佛传故事木雕。

当我走进雷峰新塔，首先看到的就是雷峰塔遗址，这里也是景区最宝贵、最主要的部分。砖砌塔身的外套筒，每面都设有出入口，它们与外围木构檐廊相通。内套筒平面成正方形，四面各辟一门，既与外套筒相应的门道相通，有连通了内套筒里面的塔心室。

雷峰塔遗址的核心，是珍藏过许多吴越佛教文物的地宫。

地宫，是佛塔独有的结构空间，是佛教徒用来瘗藏佛祖释迦牟尼或者其他德行高超的僧侣圆寂、去世火化后的遗骨也就是"舍利子"的地方。地宫一般位于佛塔塔心的塔基下方，而雷峰塔地宫正好位于塔心部位，开口距塔心室地坪 2.6m。

雷峰塔的地面建筑，尽管受到历史上多次天灾和人祸的损害，但砖砌塔身一直顽强地挺立着，直到 1924 年秋天，才大劫难逃而全部坍塌。地宫珍宝，得以完好地保存了下来，多灾多难的古塔，真可谓不幸中之大幸啊！

---

[4] 赵程久《非看雷峰塔不可》原载《中国文物学会传统建筑园林委员会第十六届年会论文汇编》。2006年 10 月，第 18-21 页。

当我登上台基二层看，这一层是雷峰新塔内部最大的空间，也是观看雷峰塔遗址的最佳点。使我联想在电视上看到在2001年3月11日雷峰塔地宫发掘的情景。当地宫口的盖板打开后，我看到地宫里有一只锈迹斑斑的铁函，雷峰塔的地宫珍宝就完整地保存在里面，其中的镇塔之宝，安放佛螺髻发舍利的金涂塔安然无恙，我心里特别的高兴。

……

当我登上雷峰塔第一层，先看到匾额上"雷峰塔"三个大字，是中国书法家协会主席、西泠印社第六任社长启功先生题写的。

当我注意观看一下雷峰塔外向的斗栱、柱子、栏杆、瓦当和屋面的塔瓦，它们全都是用锡青铜材料制作的……加上新塔主体的钢框架结构，可以说新塔是一座能够和法国巴黎艾菲尔铁塔相媲美的金属塔。

到这层（第一层的夹层）也是最感兴趣的地方……就在这里白娘子与许仙的爱情故事《白蛇传》用东阳木雕的形式，演绎在我眼前……全套作品在设计构图上，突出主要人物，给人一种身临其境的时空感受。

……

到了雷峰塔顶层，一走进这里就有一种金碧辉煌的感觉……穹顶金光灿灿……穹顶中心是一朵硕大的莲花，它在佛教中象征着圣洁、表达了普世和平的愿望。它的一方（上方）有一个暗阁，辟有天宫放置传给后代的纪念文字和物品。

……

总之，我看完雷峰新塔之后，感到非常满意和自豪，头一天没看够，第二天又去观看一遍，达到了我的目的。我走遍中国拍古塔，首次乘坐升降式电梯登上雷峰新塔观看，这对老人和游客太方便了。雷峰新塔从设计，到建筑、质量、工艺、美术、雕刻及科技含量之高也是少有的。雷峰新塔可称世界水平，使我流连忘返，真是一处旅游的好地方。

人们对雷峰新塔的评价可概括为"继承与创新、历史与现代、自然与文化完美结合的典范"。

第二节　不同的声音

　　任何一件新生事物的出现，总会有人发出这样、那样的不同声音，最典型的是以下的论点[5]：

　　杭州雷峰塔的重建就是近年来关于文物古迹重建的典型案例。雷峰塔自1924年倒掉之后，已过去了近80年。从景观重现的角度看，雷峰塔对整个西湖轮廓线的构成，尤其是西湖南线景观的塑造具有重要的地位和作用。

　　但是，在雷峰塔的历史上，它以其完整的宋塔形象持续了近600年。自明以后，雷峰塔外部木檐被毁，仅存残损的砖砌塔身，然而雷峰塔这样一种残缺美在以后的400年间被人们广为欣赏和称道，却没有被重修重建。因此是雷峰塔的原真性，而不是完整性构成了它的主要历史价值。雷峰塔遗址残损的真实遗存本身已经完成了表现形式与历史价值的内在统一，体现了它的原真性。雷峰新塔固然对"雷峰夕照"这一历史景观的完整性有一定的作用，但是雷峰塔早已成为中国文化史上的一座精神之塔，"雷峰夕照"就是人们心中的"物象"，它从来就没有在人们的意识中消失过。没有雷峰塔的夕照山未必就构不成"雷峰夕照"的景观意境。

　　一座"雷峰塔"起来了，将带动更多的"雷峰塔"再起来。例如世界文化遗产孔庙所在地的曲阜就重建了不复存在的城墙，古城苏州也提出要"修复"城墙和城楼以"重现"历史。全国各地在真的、假的遗址上，在文物古迹中，在历史街区中，随处可以看到城墙起来了，护城河重新开挖了，亭台楼阁起来了……这种"雷峰塔现象"的最大危害在于盲目追求文物古迹的完整性和所谓的观瞻需要，忽视了文物古迹的原真性对实物遗存的保护，其实质是降低了文化遗产的价值，应当引起人们的警醒和重视。

　　现将上文作一仔细剖析：

　　作者认为"雷峰新塔是古迹重建"，这个立论本身就是错误的。本书已在前

---

[5] 阮仪三、林林《文化遗产保护的原真性原则》，《同济大学学报》（社会科学版）第14卷第2期，2003年4月。

面几章作了充分的阐释，雷峰新塔不是古迹，更谈不上重建，它是覆在雷峰塔遗址上的一座保护性建筑。作者引述了雷峰塔 1000 年的变化，但却没有对倒塌后几十年来的面貌加以叙述，只是说"雷峰塔遗址残损的真实遗存本身已经完成了表现形式与历史价值的内在统一，体现了它的原真性。"只要看看建塔前的一张照片，任何人恐怕都难以对此作出体现了雷峰塔"原真性"的回答，只能从文物部门的一座石碑上看到此处的小山包是省级文保单位雷峰塔。这能说出是"表现形式与历史价值的内在统一"的雷峰塔吗？这样的小山包可以找到无数，又怎能让广大群众去辨别？这次通过建造雷峰新塔，进行考古发掘，才使雷峰塔遗迹重现，才使人们进一步了解它。对于它的发掘、保护才能真正完成"遗迹的表现形式与历史价值的内在统一"。才能实现作者所倡导的体现文化遗产的价值，否则它按作者说的 "本身只是一堆毫无意义或不被理解的构件"。对照作者在其所写的同一篇文章中还曾谈到如何保护文物古迹的问题："文物古迹是中国文化遗产保护的主要对象，保护的目的是真实、全面地保存并延续其历史信息及全部价值。保护的任务是通过技术的和管理的措施，修缮自然力和人为造成的损伤，制止新的破坏。所有保护措施都必须遵守不改变文物原状的原则。"这恰恰说的是雷峰新塔，是通过现代技术手段真实地、全面地保存并延续了其历史信息及全部价值，其中也包括"雷峰夕照"的重现，以及当地百姓对这座塔的难以割舍的情感价值。而保护所采取的技术手段具有可逆性和可识别性。我相信如果作者不是在书斋中坐而论道，而是到雷峰新塔走一走，就不会提出这样的非议了。

另外作者还曾引用《中国文物古迹保护准则》对雷峰新塔的设计建设是否遵守了这一准则提出质疑：根据《中国文物古迹保护准则》（2000） 中第 33 条"原址重建是保护工程中极特殊的个别措施。核准在原址重建时，首先应保护现存遗址不受损伤。重建应有直接的证据，不允许违背原形式和原格局的主观设计"。这段话与雷峰新塔并没有直接关系，但要说明的是，"保护现存遗址不受损伤"的原则也是雷峰新塔忠实遵守的原则。

雷峰新塔春景

结语

对于雷峰新塔的诞生如何评价，笔者认为它是彰显雷峰塔文化魅力的里程碑，也是遗址型遗产保护的里程碑，是结合中国文化遗产的特殊性所作的探索。正如 1994 年 12 月在日本古都奈良通过的《关于原真性的奈良文件》中所指出的，"由于世界文化和文化遗产的多样性，将文化遗产价值和原真性的评价，置于固定的标准之中是不可能的"。就在发布文件的奈良市，在文件发布以后建起了平城京的朱雀门！至于中国存在的拆掉古迹搞复建的例子，绝不能与雷峰新塔相提并论，对于任何事物都要具体分析，区别对待，不是坐在书斋发议论就能解决的。雷峰新塔式的保护古遗址性的建筑，不仅能够做到遗址完整保护，还彰显了遗址的文化魅力，不仅能够做到遗址完整保护，还彰显了遗址的文化魅力，使人们更进一步了解它的文化特点，这种保护手段比起盖一个简单的膜结构或搭一个蔬菜大棚式的建筑有更多的文化涵义，可以让老百姓了解不同时代的建筑风格，建筑本体的状况，乃至当时人们的文化追求，不能用"无为而治"式的省事方法，而剥夺老百姓希望了解文物古迹当年形象和文化特点的知情权。

面对这种种非难，在雷峰新塔建成十多年后的今天，用它本身的接待游客人数之众，足以说明它的存在的意义，西湖申遗的成功从另一方面显现出它的存在并未产生任何负面影响，它所获得百姓的赞赏，更证明了雷峰新塔具有"里程碑"的价值，它跳出伪科学的羁绊，打破了少数人所垄断的、僵化的、苍白的保护文物的手段——以不变应万变。那种对任何文物遗迹都不要动，只划几层保护圈，定定保护范围、建控地带，就算完成了"保护"吗？任何保护手段要看他是否真正的使文物得到保护，不要一听到在遗址上盖房子就谈虎色变，要看所盖的房子对于保护遗址是否有利，绝不能用一种千篇一律的方法对待我国丰富多样的文化遗产，对于我们这样有着悠久文明的国家绝不适用。简单地、片面地照搬国外的某些经验也是无本之木，一定要按中国的国情办事，要发挥遗产在国人文化生活中的作用，必须提倡多样的保护手段：有的建筑遗迹应当保护原貌，以发挥教育作用；有的遗迹需要建设保护棚类的建筑才能科学地保护好；有的遗迹需要通过现代科技手段，如通过数字化的影像，展现遗址原貌，让今天的百姓知晓消失的遗址特点和价值。总之，需要区别各种遗产的特点，选择与其匹配的手段，只有这样才能真正地做好文化遗产的保护工作。

结语

后记

雷峰新塔虽已建成 10 多年了，业内人士曾就本身参与的部分工作发表论文，但一直未能对该工程全面加以介绍；许多友人多次表示希望了解这一特殊工程的全貌，为此编著此书，力求真实地记录有关雷峰新塔的设计与建造的主要信息。全书分成上下两篇：上篇主要记录项目来历、考古、设计等内容；下篇主要介绍施工工程相关内容。

上篇中所介绍的考古、室内装修、照明设计等专项工作内容，依据已发表文章编写而成。

上篇详细介绍承担这一工程的最主要设计单位——清华大学建筑设计研究院的工作。

建筑设计：由国家一级注册建筑师郭黛姮担任工程主持人。当时参加这一工程项目的还有教师和研究生，其中教师在方案竞标阶段参加者有郭黛姮教授、吕舟教授，博士研究生参加者有方晓风、安沛君、李华东；方案实施过程中主要参加者有工程师廖慧农，研究生臧春雨、刘煜、肖金亮等。

结构设计：郝亚民总工、教授，吴青、吴喜珍、江波三位高工。

水电设计：陈志杰、刘澄、李连义、季捷、郭天明等多位高工。

清华大学化学系教授胡鑫尧、校友李云设计并实施塔刹贴金项目。

清华大学工艺美术学院常大伟教授主持设计了室内装修部分。

下篇中所记录的施工状况，根据各专项工程参加单位所写文章编辑而成。

建设单位在工程项目全过程中起着重要的领导作用，为雷峰新塔的建成作出了重要贡献，他们的经验具有典范性。由于笔者了解有限，难以全面介绍，盼今后看到他们的专著。

在本书即将付梓之时，特向参与雷峰新塔工程的各位专家、工程技术人员为雷峰新塔工程作出的贡献、为本书编写给予的支持致以万分感谢。

编著者于北京清华园荷清苑

2015 年夏

后记

主要参考书目

■ 宋

1. ［宋］林逋《林和靖集》

2. ［宋］陆游《剑南诗稿》

3. ［宋］王洧《雷峰夕照》

4. ［南宋］张矩《西湖十景》，见［明］陈耀文辑《花草粹编》。

5. ［南宋］潜说友《咸淳临安志》

6. ［南宋］施谔《庆元修创记》，见［清］丁丙辑录《武林掌故丛编》。

7. ［南宋］吴自牧《梦粱录》

■ 元

8. ［元］脱脱等修《宋史》

9. ［元］尹廷高《玉井樵唱》

10. ［元］钱惟善《江月松风集》

■ 明

11. ［明］田汝成《西湖游览志》

12. ［明］田汝成《西湖游览志余》

13. ［明］谢晋《兰庭集》

■ 清

14.［清］吴任臣《十国春秋》

15.［清］《御选明詩》

16.［清］厉鹗《樊榭山房续集》

17.［清］高宗《御制诗》

■ 其他

18. 徐逢吉等辑《清波小志》

19.《净慈寺志》

20. 俞平伯《俞平伯散文杂论编》

21. 顾永棣编《徐志摩日记书信精选》

22. 顾永棣编《徐志摩诗集》

23. 黄炎培《黄炎培诗集》

24. 杭州市园林文物管理局施奠东主编《西湖志》

25. 黎毓馨《杭州雷峰塔遗址考古发掘及意义》

26. 浙江省文物考古研究所《雷峰塔遗址》

27. 王冰、张建庭主编《千年胜迹雷峰塔》

28.《国际古迹保护与修复宪章》

29.《考古遗产保护与管理宪章》